ATLAS DES POISSONS ET DES CRUSTACÉS* D'EAU DOUCE DE POLYNÉSIE FRANÇAISE

P. KEITH [1] [2], E. VIGNEUX [2] et G. MARQUET [3]

(1) Muséum National d'Histoire Naturelle - 57 rue Cuvier - 75231 Paris cedex 05
(2) Conseil Supérieur de la Pêche - 134 avenue de Malakoff - 75016 Paris
(3) Association Symbiose - 96 rue de Richelieu - 75002 Paris

* Décapodes uniquement

Publications Scientifiques
du Muséum national d'Histoire naturelle

•

Cette publication constitue le volume **55** de la collection Patrimoines Naturels

•

Rédacteur en chef : Philippe Keith
Assistante de rédaction : Gwénaëlle Chavassieu

•

Photo de couverture : *Lentipes rubrofasciatus* (E. Vigneux)
Dos : *Macrobrachium grandimanus* (E. Vigneux)

ISSN 1281-6213
ISBN 2-85653-547-X

•

Cet ouvrage doit être référencé comme suit :
Keith P., Vigneux E. et G. Marquet, 2002. Atlas des poissons et des crustacés d'eau douce de Polynésie française. *Patrimoines Naturels*, **55** : 175 p.

TABLE DES MATIÈRES

PRÉFACE .... p. 3

DÉDICACE .... p. 5

AVANT PROPOS .... p. 6

REMERCIEMENTS .... p. 7

INTRODUCTION .... p. 8
I - CARACTÉRISTIQUES DU MILIEU .... p. 8
1 - Géologie .... p. 8
2 - Le climat .... p. 8
3 - Le réseau hydrographique .... p. 8
4 - La zonation des cours d'eau .... p. 10
II - PEUPLEMENTS AQUATIQUES .... p. 11
1 - Biogéographie et biodiversité .... p. 11
2 - Tolérance à la salinité et zonation longitudinale .... p. 12
3 - Les introductions d'espèces .... p. 13
III - INVENTAIRES .... p. 20
1 -Historique .... p. 20
2 - Actualisation et standardisation des données .... p. 23
3 - Cartographie et répartition géographique des espèces .... p. 23
4 - Liste des espèces de poissons et de macro-crustacés d'eau douce de la Polynésie française .... p. 24
IV - LA CONSERVATION ET LA GESTION DES ESPÈCES .... p. 30

LES CRUSTACÉS DÉCAPODES .... p. 31
Clé de détermination des crustacés décapodes d'eau douce .... p. 32
Ordre des Décapodes .... p. 38
Famille des Atyidae .... p. 38
Famille des Palaemonidae .... p. 46
Famille des Grapsidae .... p. 64

LES POISSONS .... p. 75
Clé de détermination des poissons d'eau douce .... p. 76
Ordre des Anguilliformes .... p. 84
Famille des Anguillidae .... p. 84
Famille des Ophichthidae .... p. 90

Ordre des Cyprinodontiformes .... p. 94
Famille des Poeciliidae .... p. 94
Ordre des Gastérostéiformes .... p. 98
Famille des Syngnathidae .... p. 98
Ordre des Mugiliformes .... p. 102
Famille des Mugilidae .... p. 102
Ordre des Perciformes .... p. 114
Famille des Kuhliidae .... p. 114
Famille des Cichlidae .... p. 118
Famille des Eleotridae .... p. 120
Famille des Gobiidae .... p. 122

RÉFÉRENCES BIBLIOGRAPHIQUES .... p. 154

GLOSSAIRE .... p. 160

ANNEXE CRUSTACÉS DÉCAPODES .... p. 164

ANNEXE POISSONS .... p. 164

RÉSUMÉ TAHITIEN .... p. 167

RÉSUMÉ MARQUISIEN .... p. 167

EXTENDED ABSTRACT .... p. 168

INDEX DES NOMS LATINS .... p. 171

INDEX DES NOMS COMMUNS .... p. 173

PRÉFACE

Le cycle de l'eau veut, qu'avant d'être salée, la pluie apporte l'eau douce qui s'infiltre et ruisselle jusqu'à l'océan. La richesse de la faune marine littorale, celle des récifs coralliens pour les îles tropicales, est bien connue. Mais il est une autre richesse qui mérite autant d'attention. Celle des eaux douces, des cours supérieurs des rivières à leurs embouchures en passant par les cascades et les retenues d'eau. C'est ce monde animal vivant que nous fait découvrir cet atlas des poissons et crustacés d'eau douce de Polynésie française.

Pour la première fois se trouvent rassemblées, photos à l'appui, les 55 espèces inventoriées à la suite de prospections dans tous les archipels, avec leur description, des indications sur leur biologie et leur distribution. Presque deux fois plus de poissons (37 espèces) que de crustacés (18 espèces). Mais ces derniers n'ont pas à rougir car ne sont considérés dans l'ouvrage que les décapodes, les crabes et les chevrettes, et encore faut-il ajouter que peu d'espèces de ce groupe ont été introduites, alors qu'il en va tout autrement des poissons. Que manque-t-il à cet inventaire animal des eaux douces pour être complet, en dehors des groupes microscopiques? : huit espèces de mollusques, quelques vers et des larves de libellules et de moustiques. Les rivières et lacs des îles de la Société recèlent le plus d'espèces (20 poissons et 14 crustacés) alors que les atolls des Tuamotu, faute d'eau ruisselante et de vrais lacs n'offre qu'un score très limité (3 poissons et 1 crustacé).

Cet ouvrage est une contribution majeure aux inventaires de biodiversité par une équipe qui associe chercheurs du Muséum de Paris, du Conseil supérieur de la pêche et "locaux". Ces derniers sont nombreux qui participèrent aux premiers inventaires et introductions sous l'égide de la Société des Études Océaniennes dans les années 1920 (Père E. Rougier) jusqu'aux travaux de Gérard Marquet dans le cadre du Centre de Recherches EPHE de Moorea, et aux auteurs du présent ouvrage. Au-delà de l'inventaire des espèces, l'ouvrage nous donne une analyse des plus intéressante et des plus curieuse sur les introductions d'espèces. Qu'il s'agisse des raisons de ces introductions (lutte contre les moustiques, nouvelles ressources...), des tentatives parfois renouvelées (par bateau depuis San Francisco), des succès (tilapias du Mozambique qui venaient de Java) ou des échecs (grenouilles – voici des batraciens qui sont totalement absents des îles malgré l'introduction de 34 individus dans les sources de la Reine à Papeete !!!).

Nous devons être reconnaissants aux auteurs et à ceux qui les ont aidés, de cette production qui fera date. Amoureux des rivières et des cascades et de la nature en général, amis ou personnel des institutions partenaires, ils ont contribué à cet ouvrage où l'illustration aide parfaitement aux identifications de poissons ou de crustacés.

Contribution au patrimoine naturel, cet ouvrage est aussi une évocation du patrimoine culturel polynésien. Le lac Vaihiria ("l'eau qui jaillit") n'a-t-il pas donné naissance à l'une des plus belle légende où la princesse Hina avait fui son futur époux, le roi du lac, une "anguille à oreilles", dont la dépouille allait donner naissance au cocotier. De là à considérer que tout est venu d'un poisson des eaux douces, il n'en faut pas plus pour respecter ce milieu. Que chacune et chacun, dans sa vie quotidienne ou dans ces activités professionnelles, découvrent dans cet ouvrage les connaissances lui permettant d'observer et de protéger un milieu et ses habitants.

Bernard SALVAT
École Pratique des Hautes Études

DÉDICACE

Le présent atlas constitue la partie visible d'un vaste programme d'inventaires engagé dans toute la Polynésie française depuis 1997. De nombreuses campagnes de terrain ont été organisées dans des conditions parfois délicates pour mettre en oeuvre les prospections sur les rivières, réaliser l'iconographie originale présentée dans cet ouvrage et capturer des spécimens parfois nouveaux pour la science.

Tout ce travail n'aurait pu être réalisé sans le soutien fidèle, enthousiaste et discret d'un homme auquel nous souhaitons rendre hommage par la présente dédicace, **René Galzin**.

Professeur et Directeur d'études à l'Ecole Pratique des Hautes Etudes (EPHE), René Galzin sillonne depuis plus de vingt cinq ans toutes les mers tropicales du globe, contribuant ainsi par un travail sans relâche à la connaissance et à la défense des lagons et des zones récifales.

Lorsqu'il commence ses travaux sur les récifs coralliens en 1975, tout poisson vivant dans ces récifs n'est le plus souvent, pour la majorité des ichtyologues de l'époque, qu'un animal que l'on sort du formol pour en compter les écailles, les dents ou en mesurer les nageoires.

Homme de terrain pragmatique et scientifique rigoureux, René Galzin a coordonné avec succès de nombreuses missions scientifiques dans les endroits les plus retirés du monde. Par la mise en place de programmes d'échantillonnages de poissons en zones récifales il a contribué de façon déterminante à la connaissance de ces milieux complexes et fragiles.

La création en 1988 du laboratoire qu'il dirige en Ichtyoécologie tropicale et Méditerranéenne à l'EPHE illustre le chemin parcouru. Scientifique reconnu au plan international, conférencier et auteur de très nombreuses publications, René Galzin a su former de nombreux chercheurs et créer de nombreuses vocations dans un domaine si mal connu au début de sa carrière.

René Galzin dirige aussi actuellement le Centre de Recherches Insulaires et Observatoire de l'Environnement (CRIOBE) à Moorea, dont l'aide logistique nous a été précieuse dans le déroulement de nos travaux. Par un travail sans relâche, il a su maintenir et développer l'œuvre de son éminent prédécesseur, Monsieur B. Salvat fondateur de cette station en 1970 et qui est de première importance pour la formation et l'accueil de scientifiques sur le territoire de la Polynésie française.

Dans le droit fil de cette carrière bien remplie et consacrée au milieu marin, René Galzin a tout de suite vu l'intérêt de nos travaux pour la protection des écosystèmes d'eaux douces, patrimoine naturel sensible et de première importance pour l'avenir.

Nous sommes heureux de remercier chaleureusement cet éminent collègue et ami pour la disponibilité et l'aide désintéressée dont il nous a toujours fait bénéficier sans restriction tout au long de nos recherches, et c'est avec plaisir que nous lui dédions cet ouvrage.

AVANT PROPOS

L'atlas des poissons et des crustacés d'eau douce de la Polynésie française a été conçu comme une faune destinée aux naturalistes, qu'ils soient amateurs éclairés ou scientifiques, aux enseignants, aux pêcheurs ou aux aquariophiles. Son objectif est aussi d'être un outil mis à la disposition des gestionnaires afin de les aider à la gestion et à la conservation des espèces.

Dans la partie introductive, le lecteur trouvera les principales caractéristiques du milieu de la Polynésie française (géologie, climat, hydrographie...) et des peuplements aquatiques (biodiversité, zonation, adaptations...), l'histoire des introductions d'espèces et de l'ichtyologie en Polynésie française, ainsi que la méthodologie employée pour les inventaires, la réalisation de l'ouvrage et la cartographie.

Une clef générale, placée en deuxième et troisième page de couverture, illustre par des croquis simples l'ensemble des silhouettes de poissons et de macro-crustacés susceptibles d'être rencontrés (seuls les crustacés décapodes seront traités ici). Elle permet, à partir du profil de l'animal, de trouver directement la famille. Pour les personnes souhaitant plus de précisions, celle-ci est complétée dans l'ouvrage par une clef permettant de déterminer l'espèce. Des critères simples de détermination des espèces vivantes (lors de la capture ou de l'observation) ont été recherchés. Afin d'aider le lecteur, des planches de synthèse regroupant les principaux termes de description utilisés pour la détermination des poissons et des crustacés, ont été réalisées et placées en annexe.

Après l'introduction, suivent les fiches descriptives de chaque espèce, comprenant, dans la limite des connaissances disponibles, le nom latin de l'espèce et son ou ses nom(s) commun(s) **en tahitien dans l'archipel de la Société (S) et dans l'archipel des Australes (A), en marquisien (M), et en français (F)** s'ils existent. Chaque fiche comprend trois paragraphes. Le premier, "Description" décrit les caractéristiques générales de l'espèce ; le second, "Biologie" fait le point des connaissances (parfois rares) sur la biologie et l'écologie de l'espèce et le troisième, "Distribution" permet d'établir la répartition du taxon dans la région Pacifique et plus précisément en Polynésie française à l'aide de la carte attenante. Une photographie inédite ou un dessin sont proposés pour illustrer l'espèce. Pour faciliter le rendu visuel de la cartographie, en raison de l'immensité du territoire couvert par la Polynésie française, certaines échelles de distances entre les îles ont été parfois légèrement modifiées.

L'ouvrage est complété par une bibliographie pratiquement exhaustive des travaux publiés sur la faune d'eau douce de Polynésie française, par un glossaire, par des résumés en tahitien, marquisien et anglais et par des index.

REMERCIEMENTS

De nombreuses personnes ont contribué, plus ou moins directement, à la réalisation de cet ouvrage par des travaux spécifiques ou par leur présence sur le terrain. Il nous est particulièrement agréable de remercier pour leur aide, leur travail, leurs conseils ou leur relecture du manuscrit: J. Algret, G.R. Allen, A. Aubanel, J.F. Brulard, C. Butin, Y. Chancerelle, C. et B. Cressens, H. Da Costa, J. Daget, N. Dartiailh, E. Feunteun, L.B. Holthuis, R. Galzin, J.C. Guéry, D. Guinot, C. Jaeger, J., C. et A. Keith, M. Larinier, T. Levasseur, M. Margout, J. Marquet, D. Mertens, F. Meunier, P. Noel, J.C. Quéro, M. Stromberg, M. Tatarata, R.E. Watson, sans oublier pour son aide logistique fidèle et efficace dans les relations avec les compagnies aériennes H. Milhomme et pour leur sympathique accueil sur le terrain, Vaiaena, Alphonse et Gillou à Tubuai, F. Lefoc à Huahine, Dédé à Rurutu.

Nous tenons tout particulièrement à remercier le Service du Développement Rural (SDR) sans lequel nous n'aurions pu réaliser la totalité des prospections aux Marquises et en particulier son chef Mme Y. Vernaudon, M. C. Butin chef du SDR aux marquises dont l'efficacité et la prévenance sont à toute épreuve, ainsi que tous les membres de son équipe: André Bruneau (Nuku Hiva), Teiki Richmond et Lucien Hutaouoho (Hiva Oa et Tahuata), Basile Kohumoetini et Claude Apuarii (Ua Pou). Chacun d'entre-eux ayant toujours entrepris avec enthousiasme les pêches en quête entre autres du "nez rouge" (*Lentipes rubrofasciatus*), espèce rare, endémique et emblématique des Marquises par excellence.

Pour les prospections aux Australes, nous remercions le Lieutenant-Colonel J. Desmons, commandant le groupement du SMA de Polynésie française, le Capitaine Momtembault, le Caporal-Chef Dupuy et le Sergent Zamuri du SMA de Tubuai.

Le projet n'aurait pu être mené à son terme sans le soutien actif de B. Baudot Directeur de l'Eau au Ministère de l'Environnement, de G. Simon, Directeur Général du Conseil Supérieur de la Pêche et de H. Maurin †, chef du Service du Patrimoine Naturel au Muséum National d'Histoire Naturelle.

En Polynésie française, ce projet a reçu une aide financière de la Délégation à l'Environnement, du Ministère de la Mer, du Centre de Recherches Insulaires et Observatoire de l'Environnement (CRIOBE) de Moorea et des Sociétés Marama Nui et Speed.

Pour les traductions en Tahitien nous remercions Mme Patua Colin de l'Académie Tahitienne et pour le Marquisien M. Georges Teikiehuupoko.

INTRODUCTION

La Polynésie française couvre un vaste domaine océanique situé à la limite est de la province Indo-Pacifique. Elle est formée de 118 îles, comprenant des îles hautes volcaniques et des îles basses coralliennes ou atolls. Ces différentes îles représentent une surface de 3 629 km^2 de terres émergées, disséminées sur 2,5 millions de km^2 d'océan. Elles sont réparties en cinq archipels (Figure 1), dispersés le long d'un axe général sud-est, nord-ouest. Ce sont :

- l'archipel des Australes (141 km^2) : six îles hautes et un atoll ;
- l'archipel des Gambier (23 km^2) : neuf îles hautes ;
- l'archipel des Marquises (997 km^2) : onze îles hautes et un atoll ;
- l'archipel de la Société (1 618 km^2) : neuf îles hautes et cinq atolls ;
- l'archipel des Tuamotu (850 km^2) : 76 atolls.

I - CARACTÉRISTIQUES DU MILIEU

1 - Géologie

Les îles de Polynésie française appartiennent à deux grands types de formation :

- les îles volcaniques, d'altitudes généralement élevées, nées d'une activité éruptive de type océanique, dominées par des épanchements de basalte fluide (ce sont des îles jeunes) ;
- les îles coralliennes d'altitudes basses (atolls vrais ou atolls soulevés) formées de roches carbonatées, caractérisées, sauf dans le cas de récifs soulevés, par l'étroitesse de leurs terres émergées au regard de l'emprise du lagon qu'elles enserrent ordinairement.

2 - Le climat

La Polynésie bénéficie d'un climat chaud et humide du type tropical océanique. Seuls quelques sites échappent à cette classification en raison d'une pluviométrie insuffisante en saison fraîche : il s'agit des plus petites îles marquisiennes de Ua Pou et Ua Huka et des côtes nord et ouest de Tahiti.

L'extrême sud, où les températures moyennes du mois le plus frais sont voisines de 18°C, est à la limite du climat tropical. L'île de Rapa bénéficie d'un climat bien " tempéré " par l'influence des perturbations du front polaire austral. Les saisons y sont naturellement plus tranchées qu'aux îles Marquises proches de l'équateur, où les écarts de température sont très faibles. C'est surtout le régime des pluies qui différencie le climat des îles. Dans les archipels de la Société et des Tuamotu la tradition populaire distingue la saison des pluies, de décembre à mars, qui correspond à la période chaude, et la saison sèche, de juin à octobre, correspondant aux mois les plus frais.

3 - Le réseau hydrographique

Le réseau hydrographique des îles de Polynésie est d'autant plus développé que l'altitude moyenne de ces îles est plus élevée et que leur superficie est plus grande.

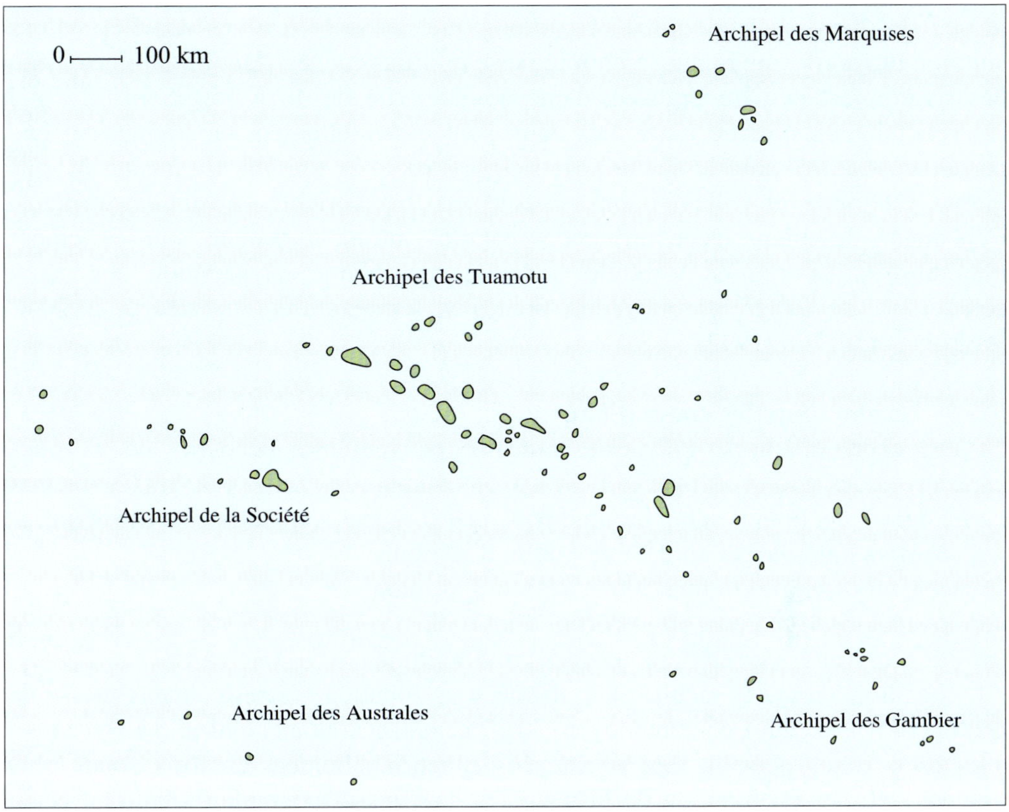

Figure 1 : La Polynésie française

Aux deux extrêmes, se situent d'une part les atolls, à la surface desquels n'apparaît pratiquement aucune trace d'écoulement pérenne et, d'autre part, la grande île de Tahiti qui se place au premier rang, loin devant les autres îles, pour le nombre de ses cours d'eau et l'étendue de leur bassin versant. Cependant, les dimensions de ceux-ci restent modestes puisque aucun ne dépasse 80 km^2.

Les îles hautes sont pourvues de rivières et de ruisseaux, parfois très nombreux, au régime de type torrentiel alimenté par une forte pluviométrie. Il existe aussi des eaux stagnantes localisées surtout dans la plaine littorale. Dans l'île de Tahiti, il existe un lac d'altitude, le lac Vaihiria. L'importance relative des eaux courantes et des eaux stagnantes est variable suivant les îles.

Le débit des rivières dépend en général de nombreux facteurs tels que le climat, la nature des terrains, la couverture végétale et les caractéristiques morphologiques des bassins versants. Dans l'archipel de la Société, le facteur le plus important est le régime des précipitations qui, du moins dans l'île de Tahiti, est étroitement lié à l'altitude ainsi qu'à l'exposition des bassins versants par rapport à la direction des vents dominants.

La teneur en sels minéraux des cours d'eau étant liée au substrat géologique, le peu de diversité géologique et pédologique des sols lessivés des îles hautes entraîne une uniformité dans la chimie des eaux. Les roches étant basaltiques, l'eau des rivières est peu minéralisée, d'une conductivité de 40 à 150 μScm^{-1}. Le pH est généralement proche de 8. Les eaux sont essentiellement bicarbonatées. Les principaux cations sont le calcium, le magnésium et le sodium. La teneur en ions nitrate est faible et celle en ions silicate est très variable suivant les rivières. Cependant, des plans d'eau influencés par des intrusions salines sont fortement minéralisées. Le régime torrentiel favorise une bonne oxygénation des eaux, celle-ci est de 9 mg/l en moyenne pour des températures supérieures à 20°C (Marquet et Galzin, 1992).

4 - La zonation des cours d'eau

Les cours d'eau de Polynésie française peuvent être découpés en 4 zones caractéristiques selon l'altitude et la vitesse du courant. Ces zones peuvent légèrement varier dans leurs limites selon les archipels, mais on peut sommairement distinguer :

- *la zone des sources* au delà de 800 m d'altitude,
- *le cours supérieur* entre 300 et 800 m d'altitude,
- *le cours moyen* entre 50 et 300 m d'altitude,
- *le cours inférieur* en dessous de 50 m d'altitude.

Les trois dernières incluent une même sous zonation : zones calmes (vitesse de courant de 0 à 30 cm/s), courant moyen (30 à 75 cm/s) et courant rapide (75 à 100 cm/s).

Ces 4 zones peuvent être regroupées fonctionnellement en trois zones plus grandes définies en fonction de la pente, de la vitesse moyenne du courant et de la granulométrie du substrat : le cours supérieur, le cours moyen, le cours inférieur.

Ces trois zones sont définies par quelques critères spécifiques :

- *le cours supérieur* est caractérisé par une pente forte (généralement plus de 10 %) et donc un courant élevé. Le substrat est le plus souvent composé de très gros blocs de basalte. La délimitation avec le cours moyen correspond généralement à un accident topographique de type cascade. La distance séparant ce tronçon de l'embouchure est très variable, elle dépend largement des caractéristiques géologiques du bassin versant.
- *le cours moyen* a une pente moyenne inférieure à 10 %. Le fond de la rivière est formé de galets et de blocs. On peut y rencontrer des fonds sableux dans les portions à faible courant. La longueur de cette zone est fonction de l'origine géologique du bassin versant.
- *le cours inférieur* correspond à la partie du cours d'eau située dans la plaine littorale, sa longueur est donc le plus souvent réduite. On distingue pour cette zone, deux parties bien distinctes : l'estuaire directement soumis aux influences marines et la partie amont où les eaux sont faiblement conductrices. La pente et la vitesse du courant sont nulles ou très faibles, c'est une zone de fortes accumulations.

Au sein de l'estuaire, les sédiments sont essentiellement sablo-vaseux tandis que dans la partie amont la granulométrie est plus grossière (graviers, galets, blocs). Cette dernière zone n'est pas présente dans tous les cours d'eau. Pour certains, elle s'apparente au cours moyen concernant les vitesses du courant et la granulométrie. Les influences marines y sont alors plus limitées (Keith *et al.*, 1999).

Au sein de chacune des zones, il existe des relations entre le faciès d'écoulement et les espèces. La majorité des espèces sont présentes dans les faciès où la vitesse de l'écoulement n'est pas trop rapide. A l'inverse, les peuplements des faciès en escalier ou caractérisés par un fort courant, de type rapide, ne comptent souvent que des espèces présentant des adaptations spécifiques (cas des ina'a (*Sicyopterus*) par exemple qui, grâce à leurs nageoires pelviennes fusionnées en ventouse ventrale, sont capables de résister aux forts courants et de gravir des parois rocheuses verticales).

Enfin, il est important de noter que cette zonation n'est qu'un outil de caractérisation des unités d'écoulement d'une portion de rivière à un instant donné. La variabilité de l'écoulement des cours d'eau de la Polynésie française et leur caractère torrentiel ont souvent pour conséquence de transformer très rapidement un faciès en un autre.

II - LES PEUPLEMENTS AQUATIQUES

1 - Biogéographie et biodiversité

La diversification de la faune et de la flore de Polynésie française dépend d'une part, de l'éloignement de l'île ou de l'archipel par rapport aux grands foyers occidentaux de diffusion faunistique et floristique du domaine Indo-Pacifique, et d'autre part de l'ancienneté de leur émersion. Ultimes groupements d'îles avant les grands vides orientaux, les archipels polynésiens ont donc filtré un flux d'espèces végétales et animales très amoindri par la sélection due à la distance. Maximale dans les îles continentales, la diversité des milieux diminue sensiblement dans les terres récentes nées du volcanisme océanique. Dans les plus grandes et les plus élevées, les oppositions de versants introduisent un facteur de diversité supplémentaire mis à profit par les peuplements naturels. L'isolement et l'ancienneté de certaines îles ont induit le développement d'espèces endémiques.

Dans les îles coralliennes, en revanche, l'absence de relief ne permet pas l'infiltration des eaux de pluie dans le soubassement. Ceci, autant que l'évolution peu poussée d'un milieu terrestre émergé de fraîche date, constituent un facteur limitant important. Ainsi, l'absence d'eau de surface pérenne et la pauvreté des sols en matière organique constituent un handicap majeur à la diversification de la flore et de la faune.

Du fait que les îles hautes les plus âgées n'ont émergé que depuis quelques dizaines de millions d'années, les milieux aquatiques de la Polynésie française n'ont pu être colonisés, à l'origine, que par des espèces marines remontant dans les estuaires ou par des espèces migratrices amphihalines réalisant une partie de leur cycle biologique en eau douce (anguilles par exemple). Certaines groupes marins se sont progressivement adaptées aux eaux douces et ont pu, peu à peu, remonter les cours d'eau pour y coloniser certains habitats.

2- Tolérance à la salinité et zonation longitudinale

La compréhension de la répartition biogéographique et de l'écologie des espèces de la Polynésie française nécessite de classer celles-ci en fonction de leur tolérance à la salinité, critère majeur d'adaptation en milieu insulaire. A partir des travaux de Myers (1938) adaptée par Banarescu (1990) puis par Mc Dowall (1997) et Keith (1998), on peut proposer la classification suivante :

1- Les poissons Primaires sont strictement intolérants aux eaux salées.

2- Les poissons Secondaires sont plutôt inféodés aux eaux douces, mais sont capables de passer des barrières salées étroites.

3- Les poissons Diadromes migrent alternativement entre l'eau salée et l'eau douce selon la période de leur vie. Ils comprennent trois catégories :

3.1- Les poissons Anadromes (ils passent la majorité de leur vie dans l'eau de mer et ils migrent dans l'eau douce pour s'y reproduire).

3.2- Les poissons Catadromes (ils passent la majorité de leur vie dans l'eau douce et ils migrent dans l'eau de mer pour s'y reproduire).

3.3- Les poissons Amphidromes (les femelles pondent dans l'eau douce. Après leur éclosion, les larves, entraînées par le courant, gagnent la mer où la durée de leur séjour est variable. Les jeunes alevins retournent ensuite dans l'eau douce pour y poursuivre leur croissance. La migration n'a pas pour objectif ici la reproduction, comme dans les deux catégories précédentes).

4- Les poissons Vicariants sont présumés non diadromes et sont des représentants d'eau douce d'une famille d'origine marine.

5- Les poissons Complémentaires sont des poissons d'eau douce souvent ou habituellement diadromes et appartenant à des groupes marins. Ils deviennent dominants en eau douce si les catégories 1, 2 et 4 ne sont pas présentes.

6- Les poissons Sporadiques sont des poissons vivants et se reproduisant indifféremment en eau douce ou salée ou qui rentrent en eau douce sporadiquement sans vraie migration.

Les espèces d'eau douce vraies se répartissent, en réalité, en deux groupes : les poissons primaires, appartenant à des familles de poissons strictement inféodés aux eaux douces, et les poissons secondaires, appartenant à des familles capables de franchir de courtes barrières océanes salées pour rejoindre un autre bassin. Cette capacité plus ou moins grande de dispersion et de colonisation selon les espèces est à la base de la compréhension des variations de peuplements ichtyologiques selon les milieux et les époques.

Comme la plupart des îles du Pacifique, les îles polynésiennes se caractérisent par l'absence de poissons primaires. Les poissons secondaires (Cichlidae, Poeciliidae) ont été introduits. Ce sont le tilapia *Oreochromis mossambicus*, le guppy *Poecilia reticulata* et le molly *Poecilia sphenops* qui sont présents dans certains cours inférieurs et les étangs côtiers.

Les poissons vicariants ne sont représentés que par une seule espèce *Kuhlia marginata.* Elle fréquente uniquement les eaux courantes, de l'estuaire jusqu'au cours inférieur. Elle est très rhéophile.

Les poissons diadromes catadromes ne sont représentés que par les trois espèces d'anguilles : *Anguilla marmorata*, *Anguilla megastoma* et *Anguilla obscura*. Contrairement aux deux autres espèces qui sont présentes dans les parties basses, *Anguilla megastoma* ne fait que passer dans le cours inférieur à l'état juvénile lors de ses migrations d'avalaison et elle n'est jamais trouvée dans les eaux stagnantes. Dans les eaux courantes *Anguilla marmorata* domine largement en aval des cascades alors qu'*Anguilla megastoma* est l'espèce dominante en amont de celles-ci.

Par suite de l'absence de poissons primaires et de poissons secondaires indigènes, les rivières des îles hautes sont donc surtout colonisées par des poissons diadromes amphidromes. Ils comprennent deux familles (Gobiidae et Eleotridae) et leur répartition dépend essentiellement de deux facteurs étroitement liés : l'altitude et la force du courant. *Awaous ocellaris* et les espèces du genre *Stenogobius* sont cantonnés aux cours inférieurs des rivières et aux eaux stagnantes littorales. Les *Stiphodon* colonisent le cours inférieur et le cours moyen, essentiellement là où le courant est moyen ou faible. *Sicyopterus pugnans* préfère dans le même type de secteurs un courant plus fort. *Sicyopterus marquesensis*, *Sicyopterus rapa* et *Sicyopterus lagocephalus* sont capables de franchir les cascades tout comme les *Lentipes* et les *Sicyopus*. La seule espèce d'Eleotridae (*Eleotris fusca*) se rencontre aussi bien dans les eaux courantes (en zone de courant faible), de l'estuaire au cours moyen, que dans les eaux stagnantes.

Enfin, les poissons sporadiques ne colonisent que le cours inférieur des rivières. Ils appartiennent essentiellement à 4 familles : Ophichthidae, Syngnathidae, Kuhliidae et Mugilidae. La majorité des espèces de ces familles sont marines et estuariennes.

En ce qui concerne les crustacés, les espèces inventoriées sont diadromes amphidromes ou vicariantes.

La faune des eaux intérieures de Polynésie française ne peut donc pas être considérée comme une faune d'eau douce classique, puisque la majorité des espèces possède des stades larvaires marins ou, au moins, vivant en eau saumâtre.

Le fait que les conditions écologiques deviennent de plus en plus contraignantes avec l'altitude (accessibilité difficile, fort courant, rareté de la nourriture...) explique que près des trois quarts des espèces soit cantonnées dans un seul secteur (cours inférieur et partie basse du cours moyen), tandis que seulement quelques-unes (*Anguilla marmorata*, *Sicyopterus lagocephalus*, *Macrobrachium lar*...) peuvent être trouvées depuis le cours inférieur jusqu'au cours supérieur de la rivière et que très peu vivent seulement dans le cours supérieur (*Anguilla megastoma, Macrobrachium latimanus*). Le nombre d'espèces de poissons d'eau douce diminue progressivement de l'embouchure vers l'amont des rivières. Cette diminution est souvent brutale en amont des cascades, mais elle est moins nette pour les crustacés, plus aptes à franchir les obstacles.

3 - Les introductions d'espèces

En 1926, dans un article du Bulletin de la Société d'Etude Océanienne (S.E.O.), M. Rougier rédigeait une courte note sur les 5 espèces de poissons d'eau douce connues à l'époque en Polynésie française. Il concluait ainsi et posait les bases de ce qui allait conduire aux premières introductions de poissons :

"*...Voilà donc toutes les richesses aquatiques de nos cours d'eau, pourtant si nombreux, et la conclusion c'est que nos ressources en poissons d'eau douce sont presque nulles. De cette conclusion naissent les réflexions suivantes :*

Nos cours d'eau, étangs et estuaires, valent-ils la peine d'essayer la culture ou l'introduction de certains poissons ? Nous savons que nos cours d'eau sont nombreux, que leur eau est vive et intarissable dans les hauteurs et que, chose appréciable, beaucoup sont inaccessibles, ce qui en fait forcément des pêches gardées. Par ailleurs, nous avons des estuaires, des étangs ou marais très nombreux, jamais très grands mais suffisants quand même, pour bien des tonnes de poissons. Leurs fonds sont vaseux, quelquefois profonds, mais toujours herbeux, fournissant un habitat idéal pour certaines espèces.

La température de nos eaux en montagne va de 10° à 20° à partir de 1000m jusqu'à 1500m d'altitude pour atteindre 21 à 28° en s'approchant de la mer. Nos estuaires et nos étangs ne descendent jamais au-dessous de 25°. Tout ceci constaté, la question se pose : existe-t-il des poissons pouvant vivre et se multiplier dans les conditions ci-dessus ?... "

Carpe, Black-bass, Poisson-chat et Gambusie

Dès 1925, le Bureau de Pisciculture des Etats-Unis à San Francisco avait été consulté par la S.E.O. M.J.F. Hunter, chef de ce bureau, avait alors conseillé d'introduire la truite arc-en-ciel (*Oncorhynchus mykiss* (Walbaum, 1792)) dans les cours d'eau de montagne de Polynésie française.

Le Dr Barton Warren Evermann, une des plus grandes autorités en pisciculture de l'époque et chef de l'Aquarium de Golden Park (San Francisco), avait conseillé, quant à lui, des ombles (*Salvelinus sp*) pour les zones montagneuses. Tous deux étaient d'avis que tanches (*Tinca tinca* (Linné, 1758)), carpes (*Cyprinus carpio* Linné, 1758) et poissons-chats (*Ictalurus sp)* devraient s'acclimater dans les étangs et les estuaires. Ces deux institutions avaient promis d'envoyer gracieusement des œufs de truites au moment du frai (Keith, 2002).

C'est la même année que le Gouverneur Rivet a bien voulu mettre à la disposition de la S.E.O. la moitié des sources dites "de la Reine" et une petite installation de pisciculture fut bientôt prête à recevoir les œufs promis.

En novembre 1925, le Dr Evermann et son assistant M. A. Seale firent parvenir à Tahiti par le bateau "Makura", un premier envoi de carpes et de poissons-chats de l'Aquarium. Trente-six poissons de chacune de ces espèces furent expédiés. Mr Dalgliesh, premier officier à bord, se chargea lui-même de renouveler quatre fois par jour l'eau des grands barils qui servaient de réservoirs. Malgré cela, deux carpes seulement arrivèrent vivantes et un seul poisson-chat. En revanche, plus de 200 gambusies (*Gambusia affinis* Baird et Girard, 1853) arrivèrent en bon état. La Gambusie a été introduite sur tous les continents (sauf l'Antarctique) pour contrôler les moustiques susceptibles de transmettre la malaria (Keith, 2002).

Devant cet échec, de nouvelles dispositions furent prises. Sur le "R.M.S. Makura", dont un nouveau départ était prévu en janvier 1926, furent installées à grands frais à San Francisco, 4 grandes tinques en fer. Chacune était reliée par un tube en caoutchouc à un immense réservoir d'oxygène, de telle sorte que le renouvellement de l'eau dans les tinques devenait inutile. Le tout était offert gracieusement par M. Back, Directeur à San Francisco de l'Union Steam Ship Compagny.

Cette fois-ci, de nombreux spécimens arrivèrent vivants ce qui permit à la S.E.O. de procéder à une distribution des poissons aux divers membres de la Société qui avaient des bassins. Ainsi, furent répartis : 50 carpes, 30 black-bass et 12 poissons chats. Ce fut la première introduction du black-bass (*Micropterus salmoides* Lacepède, 1802) sur le territoire, alors qu'il avait été importé dès 1897 à Hawaï (Keith, 2002).

Un premier bilan de ces introductions fut donné par Rougier en 1926 où il indiquait :

"Nos acquisitions : Grenouilles - Le "Makura" du mois de mars à apporté 34 grenouilles qui ont été immédiatement lâchées, bien vivantes, en contrebas des sources de la Reine, chez M. le Gouverneur; or, on n'en a pas revu une seule. Poissons anti-moustiques - Nous en avons de deux sortes : les guppy ou arc-en-ciel ou encore "million fish" et les gambusies. Les premiers introduits par M. Guild de Maraa et les autres envoyés par l'aquarium de San Francisco (Steinhart Aquarium) à notre Société... Il semble que le guppy se reproduise ici plus vite que la Gambusie... On peut se procurer de ces poissons chez les membres suivants de notre Société : MM. le Président et Vice-Président, Emile Lévy et Barrier. Carpes et bass - Ils continuent à faire espérer que ce sera un succès, ni mort, ni maladie et ils grossissent très vite. Poissons-chats - La douzaine introduite semble moins se plaire sous notre climat que les carpes et il faut s'en réjouir car celles-ci valent mieux que ceux-là. Que va nous rapporter le Makura : tanches, carpes ou truites ?"

En septembre 1926, 63 poissons moustiques furent libérés dans le lac Vahiria.

En 1928, Rougier indiquait : *"il ne faut pas mettre de Gambusia, là où l'on veut conserver des chevrettes et des poissons, car il dévore tout ce qui est minuscule, larves et oeufs de toutes sortes, il s'attaque même à ce qui a vie. C'est ainsi qu'il dévore ses propres petits aussitôt après leur naissance... En 1927, œufs et alevins de carpes furent dévorés, dans mon bassin, par les Gambusia qui y étaient millions ; comme je viens de détruire ceux-ci, j'espère un succès pour 1928... Poissons-chats, black-bass, grenouilles, il n'en reste plus. Je blâme les anguilles."*

Finalement, les carpes, poissons-chats, black-bass ne s'acclimatèrent pas. Quant aux gambusies, il semble qu'elles aient été supplantées par les guppys. Les expériences des membres de la S.E.O. semblent s'être arrêtées vers la fin des années vingt.

Le Guppy

Le guppy (*Poecilia reticulata*, Peters, 1859) semble avoir été introduit en Polynésie française dans les années 1920 par M. Guild de Maraa. C'est un poisson tropical capable de survivre dans des eaux saumâtres jusqu'à des températures inférieures à 15°C, ainsi que dans des eaux peu oxygénées. Ces capacités adaptatives, alliées à sa grande fécondité et à sa maturité sexuelle précoce, lui ont permis d'étendre rapidement son aire de répartition. Utilisé pour contrôler les larves de moustiques, il est aussi très prisé en aquariophilie en raison des couleurs arborées par les mâles (Keith, 2002). Ceci a contribué à son extension géographique à travers le globe. L'espèce est assez répandue en Polynésie française (Société, Australes).

Le Molly

Le molly (*Poecilia sphenops* Val. *in* Cuvier et Val., 1846) a été capturé sur certaines rivières des îles de Tahiti, de Huahine, de Raiatea et de Taaha. La date d'introduction et l'origine du stock sont inconnues mais il est probable que son acclimatation en rivière a commencé au début des années 1970. En effet, l'élevage du Molly fut mis en place en Polynésie à cette époque afin de fournir des vifs pour la pêche aux thonidés. L'utilisation des molly comme appâts a été encouragée à plusieurs reprises. À Tahiti c'est le CNEXO qui l'a initiée. Ils furent élevés en cages flottantes en mer. Finalement, l'espèce s'est révélée être un piètre appât (Keith, 2002).

L'espèce est aussi fréquemment utilisée pour contrôler les populations de moustiques sur les îles du Pacifique.

La truite arc en ciel

Le "Makura" du 26 juin 1927 débarquait à Tahiti 10 000 oeufs de truite arc-en-ciel (*Oncorhynchus mykiss* (Walbaum, 1792)), don généreux de M. Marx Greene, Chef de la "Fish & Game Commission of California" (Keith, 2002).

Les oeufs avaient déjà plus d'un mois d'incubation, ils étaient de la grosseur d'un petit pois et on distinguait les yeux des alevins. Une période de 20 jours environ était encore nécessaire avant l'éclosion. Des incubateurs avaient été préparés aux "sources de la Reine", selon les connaissances de l'époque : obscurité, arrivée d'eau graduée de bas en haut à travers des cadres-treillis pour les oeufs plongés à la profondeur optimale, etc, rien ne manquait... Excepté le degré de fraîcheur voulu. En effet, cette source, réputée fraîche, avait une température régulière de 24°C. Le problème de la S.E.O. était de réduire de 12°C l'eau qui coulait à 24°C afin de la rendre compatible avec les exigences biologiques de l'espèce.

Les oeufs arrivèrent sur 7 cadres disposés par étage et entourés de glace dans une caisse spéciale à ces transports. La glace avait été renouvelée tous les jours à bord du "Makura". La S.E.O. raconte ainsi la suite des événements :

"Une fois en possession des oeufs, notre première visite fut pour la glacière. Son directeur Mr Ferman mit gracieusement et gratuitement à notre disposition toute la glace dont nous pourrions avoir besoin, ce jour là et les jours suivants. Arrivés à la pisciculture, le thermomètre déposé sur les cadres indiqua 4°. Notre glace plongée en abondance dans les incubateurs, eut vite fait de ramener leur température de 24° à 5°, mais à condition d'empêcher l'eau d'y couler. Les oeufs furent donc transférés avec précaution dans un milieu moins froid de 1°. Notre plan était d'arriver progressivement et insensiblement à 12° et de maintenir

cette même température jusqu'à l'éclosion. Les oeufs furent trouvés en parfait état, tous d'un beau rose.

A 14h, nous avions déjà fait deux voyages à la glacière ; la glace fondait comme neige au soleil car l'eau arrivait directement sur cette glace à raison de 1 litre 1/2 par minute. A 16h, il devint évident qu'il fallait un minimum de 20 kg de glace toutes les deux heures. C'est-à-dire qu'il aurait fallu veiller toute la nuit et tenir la glacière ouverte ! C'était l'impossible. Aussi après un dernier chargement de glace, il fut décidé d'abandonner les oeufs à leur sort. À 17h, le coeur navré, nous quittâmes la pisciculture. Le lendemain, au point du jour, les oeufs de roses étaient devenus blancs. C'était la mort. Après trois jours, ils s'agglutinaient, il fallut les jeter.

M. Ferman, informé, eut la bonté de nous consoler en nous promettant une salle noire dans sa glacière pour 1928, avec tuyaux traversant nos incubateurs pour donner à l'eau la température voulue. M. Ferman ne fut pas d'ailleurs le seul à s'intéresser à cet essai. M. Sigogne, au nom du syndicat d'initiative, nous avait fait parvenir 400 F. M. Bach, directeur général de l'Union Steam Ship and Compagny avait fait transporter gratis ces oeufs par le "Makura".

MM. Strange et Coryell, nos actifs membres correspondants de San-Francisco, avaient fait toutes les démarches nécessaires pour cet envoi. Il paraît qu'autrefois des truites furent introduites avec succès dans les hauts de la Fautaua, mais quand et comment reste un secret.

Ce récit a donc été fait pour que la relation d'une pareille expérience reste cette fois consignée dans nos annales. Espérons que cet échec ne découragera personne, ni nos amis de San Francisco, ni nous-mêmes et disons à 1928."

L'expérience fut donc renouvelée en 1928 où les membres correspondants de la S.E.O. de San Francisco, MM. Strange et Coryell, avaient obtenu 25 000 œufs de truites arc-en-ciel. Ces oeufs arrivèrent le 23 juin 1928 par le "Tahiti" et ils furent immédiatement déposés à la glacière où M. Ferman avait organisé une petite pisciculture dans une des chambres noires. Les oeufs furent divisés en deux parties. Les douze mille premiers œufs furent déposés dans deux bacs sur des claies spéciales. Une eau claire cascadait d'un bac dans l'autre, à raison de 1 à 2 litres par minute. La température de l'eau était constante à 7°C. Malgré tous les soins dont ils furent l'objet, les oeufs survécurent moins d'une semaine sans que la cause de leur mort ne fut expliquée.

Le deuxième lot fut transporté le mercredi 27 juin dans les hauts de Fautaua par 3 prisonniers sous la direction de M. Guého. Le transport se fit dans une caisse aménagée de telle sorte que les claies reçues de San Francisco étaient entourées de glace. Ils furent déposés dans trois parcs faits dans le lit de la Fautaua, à l'ombre d'une falaise et d'arbrisseaux, à 500 m d'altitude. Tous les œufs furent répandus sur des cailloux et graviers très propres où l'eau arrivait à profusion à travers les pierres des parcs. La température de l'eau n'excédait jamais 20°C à midi.

Les clôtures de ces parcs sortaient de l'eau de 15 à 18 cm afin d'empêcher chevrettes et anguilles de venir troubler l'incubation. Ceci permettait aussi de couvrir ces parcs de branchages destinés à tenir les œufs dans une plus grande obscurité. Huit jours après, jour pour jour, la plupart des alevins étaient nés. 15 jours plus tard, il ne restait que quelques sujets traînant péniblement leur jaune vésicule ombilicale, puis bientôt plus rien.

Les expériences importantes concernant la truite arc-en-ciel se sont pratiquement arrêtées à ce stade et l'espèce ne s'est jamais acclimatée (Keith, 2002).

Le tilapia du Mozambique

En raison de leur utilisation comme agent de contrôle biologique et de leur facilité d'élevage, plusieurs espèces de tilapias ont été introduites à partir de 1950 dans de nombreuses îles du Pacifique. Bien que restreints au départ à des bassins ou à des étangs, les tilapias du Mozambique (*Oreochromis mossambicus* (Peters, 1852)) ont rapidement colonisé les eaux libres après y avoir été relâchés accidentellement ou volontairement. Le tilapia du Mozambique, s'est ainsi acclimaté dans des lacs, des rivières, des lagons, des mangroves et des marais, tant sur des atolls coralliens, que sur des îles volcaniques.

Toutes les introductions de tilapia du Mozambique faites dans le Pacifique sud proviennent (*a priori*) d'une seule source : un estuaire d'une rivière à l'ouest de Java où, en 1939, Jan Mudjair, un technicien des pêches néerlandais des Antilles découvrit 5 tilapias. Plus tard, après que ces poissons eussent été utilisés en aquaculture, les forces armées japonaises en introduisirent à Singapour et en Thaïlande en 1943, puis de là, en 1950 aux Philippines.

La conjonction de facilités d'accès (le transport aérien entre Manille et Singapour et les îles du Pacifique sud ne prend que quelques heures) et de la publicité importante (en faveur du tilapia) faite d'abord par la FAO puis relayée par la Commission du Pacifique Sud (CPS), a largement favorisé l'implantation de l'espèce dans cette région (Keith, 2002).

L'espèce fut introduite à plusieurs reprises dans les années 1950 à Tahiti pour fournir une source supplémentaire de protéines. Elle fut notamment introduite en 1957 dans deux bassins par un éleveur privé à Taravao. Elle fut aussi élevée par les services de pêche locaux pour servir d'appât en mer, mais elle fut reconnue comme étant peu efficace. L'espèce s'est répandue en Polynésie et a été retrouvée dans les archipels de la Société, des Australes et des Gambier.

Le Barramundi

Le barramundi, *Lates calcarifer* (Bloch, 1790), a été introduit et acclimaté pour l'aquaculture dans les eaux littorales de Tahiti. L'Ifremer à Taravao abrite, dans des cages en mer, un élevage de cette espèce ; celle-ci ne semble pas pour l'instant avoir colonisé les eaux douces.

Le Chanos

L'élevage du Chanos (*Chanos chanos* (Forsskål, 1775)) fut lancé en 1971 au village de Avatoru. En février 1976, il fut expérimenté dans l'atoll de Rangiroa à Pavete par l'intermédiaire du Service de la Pêche de Polynésie en association avec la banque Socredo, sur 1,5 hectares de zones saumâtres. L'archipel des Tuamotu avait été considéré comme idéal pour l'élevage de cette espèce en raison de ses nombreux lagons. L'élevage en est toujours resté pratiquement au stade expérimental.

La chevrette

La chevrette *Macrobrachium rosenbergii* (Günther, 1866) fut introduite d'Hawaï vers Tahiti au début des années 1970 pour une étude préliminaire, en vue de l'implantation d'un élevage, bien que des essais sur les espèces locales aient été effectués. Cette espèce ne semble pas avoir colonisé les eaux libres.

Ainsi sur 11 espèces introduites en Polynésie française : 3 se sont acclimatées, 3 ne sont pour l'instant présentes que dans les élevages, 5 ne se sont pas acclimatées.

Il convient cependant de mettre en garde contre toute introduction d'espèces. Parfois réalisées volontairement avec insouciance par des aquariophiles vidant leur aquarium dans la rivière voisine, les introductions peuvent être aussi le fruit empoisonné d'une politique imprudente. Les introductions d'espèces font toujours encourir des risques importants aux peuplements en place et à leurs habitats. Parmi ces risques citons:

- La transformation du milieu récepteur provoquée par le régime alimentaire des espèces introduites (par exemple la transformation des associations végétales pouvant être préjudiciable à la reproduction d'espèces autochtones, à la croissance des juvéniles voire à l'alimentation de l'espèce).
- Le déséquilibre des peuplements en place par accentuation de la compétition pour la nourriture, la diminution de l'espace vital et des abris, aggravant les effets de la prédation.
- La transformation génétique des populations locales par introgression de gènes (hybridations). Les caractéristiques morphologiques, physiologiques ou comportementales des souches originelles sont alors progressivement perdues, ce qui peut entraîner, faute de conditions adéquates l'échec de la reproduction et la disparition de la souche autochtone.
- Enfin et surtout, l'introduction d'agents pathogènes nouveaux pouvant entraîner des épidémies fulgurantes ou des maladies chroniques impossibles à éradiquer. Les promoteurs d'élevages ou de repeuplements à partir d'espèces exogènes devraient toujours avoir présent à l'esprit le fait que l'introduction d'une espèce s'accompagne inéluctablement de l'importation des parasites, des bactéries et des virus qu'elle abrite. Les espèces introduites peuvent ainsi se comporter en porteurs sains de certains agents pathogènes mortels pour les espèces autochtones non entraînées à développer des défenses naturelles à leur contact.

Par bonheur, la faune d'eau douce polynésienne n'est pas encore trop perturbée dans certaines îles. La répartition des espèces, telle que l'on peut actuellement l'observer, résulte de l'intégration des nombreuses étapes d'une évolution complexe en relation avec les milieux (déplacement, colonisation, isolement, spéciation...). La compréhension du fonctionnement des écosystèmes aquatiques est un préalable indispensable à la préservation des cours d'eau polynésiens. Ces connaissances devraient permettre d'élaborer des plans de gestions adaptés.

Les milieux hébergeant des espèces endémiques mériteraient d'être répertoriés et de bénéficier d'une attention particulière permettant d'éviter de mettre en péril un patrimoine naturel irremplaçable. De ce point de vue, les rivières marquisiennes, pour l'instant vierges de toute introduction et riches en espèces endémiques, méritent d'être signalées.

III - LES INVENTAIRES

1 - Historique

Les inventaires de poissons réalisés en Polynésie française ont débuté à la fin du siècle dernier mais ils furent alors essentiellement consacrés aux poissons marins. La faune d'eau douce a été très peu étudiée. On trouve néanmoins quelques informations dans des articles consacrés essentiellement à la faune marine comme dans Poll (1942) ou Randall (1973ab) pour la Société, Plessis et Maugé (1978) pour les Marquises, Fourmanoir *et al.* (1974) pour les Gambier et Plessis (1987), Plessis (1980) et Randall *et al.* (1990) pour les Australes.

Peu d'articles ont été exclusivement consacrés à la faune d'eau douce, on note cependant ceux de Fowler (1932), de Seurat (1934), de Ege (1939) et surtout ceux de Marquet et Galzin (1992) et de Marquet (1993).

Les publications consacrées spécifiquement aux crustacés d'eau douce de Polynésie française sont aussi rares dans la littérature. Seurat (1934) signalait 5 espèces à Tahiti et 3 espèces à Mangareva (Gambier), Adamson (1935) en signalait 6 aux Marquises et Edmonson (1935) décrit une nouvelle caridine de l'île de Rapa. Des travaux généraux de révision ou de biogéographie feront référence aux espèces présentes en Polynésie (Bouvier, 1925 ; Edmonson, 1951 ; Holthuis, 1950 ; 1952 ; 1980 ; Hobbs et Hart, 1982) mais il faut attendre 1991 (Marquet, 1991) pour qu'une première synthèse des connaissances soit disponible.

Certaines études ou récits de voyage nous apportent cependant des éléments historiques intéressants sur les premiers contacts avec la faune d'eau douce. Ainsi, peu de prospections ichtyologiques ont eu lieu aux Marquises et en particulier en eau douce. Ce sont en général les navires faisant escale sur ces îles qui ramenaient des spécimens. Cela dépendait de l'intérêt que portait à la science le commandant du navire. Un des premiers articles donnant quelques éléments est celui de Jardin (1859). Il disait ainsi : "*La faune de l'archipel des Marquises offre de nombreux éléments d'étude, et bien qu'elle soit pauvre relativement aux autres contrées situées sous la même latitude, nous aurons l'occasion de signaler quelques espèces et genres nouveaux, en engageant vivement les naturalistes qui visiteront cet archipel, à les rechercher particulièrement pour les faire connaître d'une manière plus complète...*

L'archipel des Marquises offre plusieurs classes de poissons qui auraient besoin d'être étudiées ; mais, en général, les voyageurs ne s'attachent pas à cette branche de l'histoire naturelle, tant à cause des difficultés que présente la recherche des poissons, qu'à l'encombrement des vases et des matières nécessaires pour les conserver, et la presque impossibilité, en cours de voyage, de se procurer des liqueurs alcooliques assez fortes pour en assurer la conservation...".

Le capitaine de vaisseau Noury, commandant particulier des Marquises durant un an, fut l'un des premiers à noter des noms locaux. Ceux-ci furent repris par Jardin dans sa note. Ce dernier continue plus loin :

"*Les Périophthalmes sont des poissons de la mer des Indes et de l'Océan Pacifique. Ils ont la propriété de pouvoir rester quelque temps hors de l'eau et on en voit souvent courir ou plutôt sauter avec rapidité sur les rochers. Une espèce très voisine se trouve dans les ruisseaux d'eau douce de Noukahiva...*". Il s'agit là probablement des premières observations concernant les Gobiidae d'eau douce de ces îles. C'est en tout cas le premier à signaler "*un petit poisson vert, à reflets chatoyants qu'on voit dans tous les ruisseaux*" une espèce endémique des Marquises, qui ne sera décrite que 133 ans plus tard par R.E. Watson sous le nom de *Stiphodon tuivi.*

Jardin conclut par : "*Telle est la nomenclature bien incomplète, nous le reconnaissons, des poissons qu'on observe le plus fréquemment dans l'archipel des Marquises. Il en existe d'autres qui sont plus rares ou seulement de passage. Il paraît que les naturels en comptent 140 espèces : peut-être n'ont-ils pas su distinguer suffisamment les différences de sexe et d'âge qui, dans ces animaux comme dans les autres, peuvent occasionner des erreurs par défaut d'observations prolongées. Presque toutes les espèces citées se retrouvent à Tahiti, suivant les observations de M. le capitaine de vaisseau Noury*".

En 1926, M. Rougier écrit un petit article dans lequel il donne quelques espèces des rivières de Polynésie (nous y avons ajouté les noms scientifiques entre crochets afin de faciliter la compréhension) : "*Autant il me serait impossible d'énumérer nos innombrables poissons de mer, autant il m'est facile de nommer nos cinq poissons d'eau douce. Les voici par ordre d'importance : le Nato, l'Anguille, le Oopu, le Hina et le Apiri. Des spécimens de ces poissons seront envoyés au Steinhart Aquarium (à San Francisco) pour leur identification. En attendant, je vais me borner à en dire ce que j'en sais et à en tirer des réflexions.*"

"*Le Nato [Kuhlia] - C'est en somme le seul de nos poissons d'eau douce qui compte. C'est notre truite, dont il a beaucoup des habitudes sans en avoir toute la qualité. Sa chair est fine et c'est de l'excellente friture. Bien qu'il se trouve en quantité considérable dans certains cours d'eau, on ne peut pas dire toutefois que c'est une ressource du pays. Il est très rare de le trouver au Marché de poissons. Le Nato a son utilité sportive. Il est le seul qui mouche et procure quelque plaisir à l'amateur de la ligne ou de l'épervier. Bien qu'il fraie de novembre à février, il n'a pas de saison et on le pêche en tous temps sans en voir diminuer le nombre. La raison en est qu'il existe dans nos montagnes inaccessibles des réserves naturelles où il se multiplie et nous ne pêchons en somme que le trop plein de ces réservoirs, que nous déversent les inondations annuelles.*"

"L'Anguille - Il y en a de plusieurs espèces. On prétend que le lac Vaihiria nourrit une espèce à oreilles très larges. Dans nos étangs et nos rivières, l'anguille noire est la plus abondante et la tachetée la plus grosse. Il en est qui pèsent plusieurs kilos. C'est un mets exquis pour certains, répugnant pour d'autres ; aussi l'anguille n'est pas un article de consommation courant. Elle a l'avantage de rester un mets décidément tahitien et d'ailleurs fort prisé des gourmets coloniaux, mais elle a le désavantage d'être un ennemi sérieux des autres poissons, surtout des nouvelles espèces introduites."

"Le Oopu [Eleotris] - C'est notre Goujon-Loche. Il n'a qu'une valeur comestible relative et aucune valeur sportive. Il est bien moins abondant que le Nato. C'est un poisson pis-aller, en ce sens qu'il n'est pêché et mangé que par accident, lorsqu'il se trouve pris, par hasard, avec des chevrettes ou des natos. Beaucoup qui ne savent pas l'apprécier (ou le préparer), le dédaignent et le rejettent."

"Le Hina [alevin de Sicyopterus] - Ce minuscule poisson remonte nos rivières (pas toutes), plusieurs fois par année. C'est un phénomène. On les voit s'engouffrer par millions dans certains cours d'eau pour y remonter jusqu'à leur source. On ne les voit jamais redescendre. Rien ne peut les détourner ou les effrayer, ni les filets, ni les anguilles, pourtant nombreuses et insatiables. Certains Tahitiens affirment que le Hina est l'alevin du Oopu, d'autres disent de l'Apiri.../..."

"L'Apiri [Sicyopterus] - Ce poisson extraordinaire se tient dans les montagnes. On le voit tapissant les parois humides de grottes sous les cascades ou les gros rochers. Il est complètement hors de l'eau et adhère à la roche comme un lézard (moo). Les inondations en amènent parfois jusqu'aux estuaires où ils grimpent également sur les pierres pour y éviter le courant et s'y exposer aux éclaboussements des remous. Seuls les gourmets de mets tahitiens savent apprécier l'Apiri. C'est un poisson curieux mais pas intéressant du tout au point de vue ressource."

Plus tard, entre les années 1982 et 1995, Marquet fit un gros travail de prospection dans les eaux douces de Polynésie française. Il prospecta ainsi plusieurs îles de la Société, des Marquises, des Australes et des Gambier et il fut à l'origine de la découverte de plusieurs espèces nouvelles. Cependant, malgré ce travail, plusieurs îles de Polynésie française avec un réseau hydrographique important n'avaient pu être prospectées. D'autre part, les connaissances sur les espèces de poissons et de crustacés d'eau douce méritaient aussi d'être augmentées et d'être mises à jour en vue de la gestion des espèces. Une série d'inventaires complémentaires a donc été réalisée entre 1997 et 2001 sur l'essentiel des rivières pérennes de Polynésie française à l'initiative de la Délégation à l'Environnement de Papeete, de l'Ecole Pratique des Hautes Etudes (EPHE) (CRIOBE) et du Muséum National d'Histoire Naturelle (MNHN). Un important travail a été ainsi réalisé sur la Société, les Marquises et les Australes.

2 - Actualisation et standardisation des données

Afin de faire un bilan de l'existant et d'exploiter au mieux la bibliographie ancienne et l'ensemble des inventaires réalisés en Polynésie française, le Service du Patrimoine Naturel de l'Institut d'Ecologie et de Gestion de la Biodiversité (IEGB) du MNHN a procédé à la standardisation puis à l'informatisation de toutes les données d'inventaires recueillies depuis le début du 20e siècle. La méthodologie nationale des inventaires de faune et de flore développée par ce service dans le cadre de l'inventaire général du patrimoine naturel français a été appliquée.

Cette méthodologie repose essentiellement sur quatre paramètres normalisés, ou données essentielles qui sont à la base du traitement de l'information : la source de l'observation (nom(s) du ou des collecteurs), la date et le lieu d'observation (coordonnées géographiques en degrés et code administratif de la commune concernée) et enfin la liste des poissons et crustacés rencontrés. Ces données de base sont complétées, dans le cas de la Polynésie, par des données complémentaires : le nom de l'île et le nom du cours d'eau (ou du plan d'eau) concerné, assorti du lieu dit, s'il existe.

Les données de tous les inventaires ainsi réalisés ont été retranscrites sous cette forme, puis informatisées chaque fois que cela a été possible. L'ensemble de ces données est stocké dans la base "Fauna-Flora" du Service du Patrimoine Naturel.

Les premiers traitements informatiques de ces données ont permis de mettre en évidence des secteurs peu ou pas échantillonnés. Ces secteurs ont été prospectés entre 1997 et 2001.

3 - Cartographie et répartition géographique des espèces

Après informatisation des données collectées lors des dernières campagnes d'inventaires effectuées dans les différents archipels, le Service du Patrimoine Naturel a effectué le contrôle informatique de toutes les données recueillies et, le cas échéant, les codages complémentaires, selon le protocole standard de validation mis en place pour les inventaires de répartition d'espèces : contrôle de cohérence entre localisation administrative (commune) et localisation géographique (coordonnées), recherche de la localisation géographique lorsque seule la localisation administrative est donnée, détection d'erreurs dans le codage des espèces, homogénéisation des codages.

In fine, plus de 400 stations d'inventaires ont été validées. Elles représentent près de 3 000 données. La Figure 2 montre les stations prospectées à la Société, la Figure 3 aux Marquises et la Figure 4 aux Australes. Aux gambier, seule Mangareva a été prospectée. Bien que les Tuamotu ne possèdent pas de rivières pérennes, quelques espèces de mulets ou d'anguilles ont été trouvées dans le lagon de Rangiroa.

L'association de la base de données à un système d'informations géographiques permet de dresser des cartes : carte des stations prospectées, carte du nombre d'espèces par station ou cartes de répartition des différentes espèces. Il est toujours nécessaire de comparer les cartes de répartition d'espèces à la carte des stations prospectées (Figures 2 à 4).

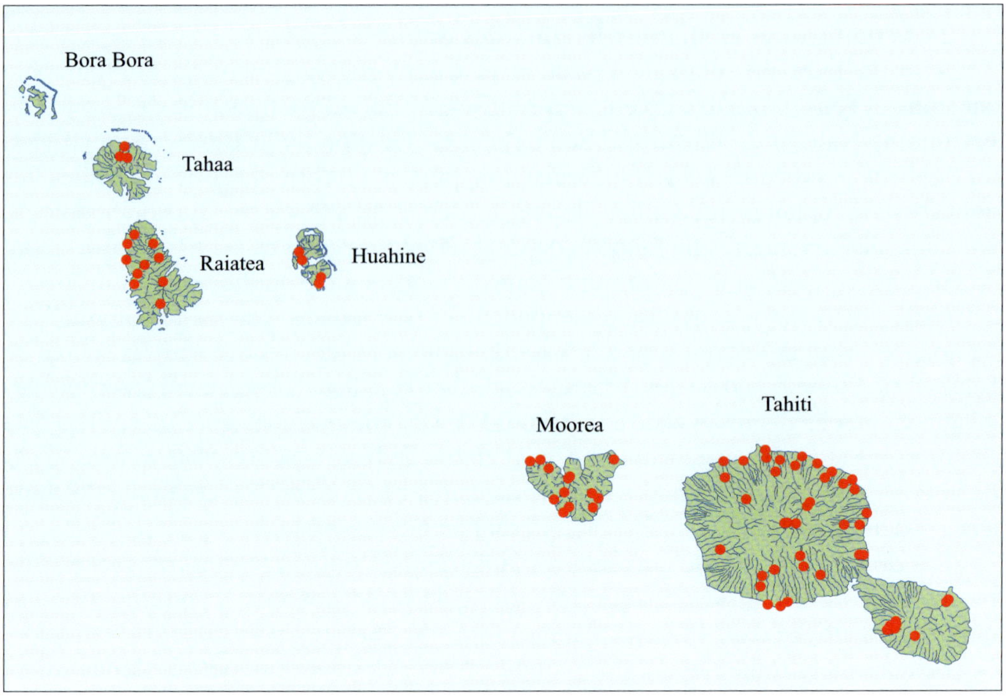

Figure 2 : Carte des stations prospectées aux îles de la Société

4 - Liste des espèces de poissons et de macro-crustacés d'eau douce de Polynésie française

La liste des espèces de poissons et de macro-crustacés (crustacés décapodes) d'eau douce présentée ci-dessous comprend : les espèces diadromes, vicariantes, complémentaires et sporadiques indigènes de Polynésie française susceptibles d'être rencontrées dans les eaux douces et saumâtres de façon pérenne ou régulière (car il n'y a pas d'espèces primaires ou secondaires indigènes) et les espèces introduites et acclimatées.

Les espèces marines, qui pénètrent parfois en quête de nourriture ou à l'occasion de brefs déplacements dans les estuaires ou y séjournant en phase juvénile, n'ont pas été mentionnées sur cette liste et ne sont donc pas représentées par des fiches descriptives de cet ouvrage.

Certains auteurs ont notamment signalé dans les embouchures *Caranx melampygus*, *Caranx sexfasciatus*, *Lutjanus fulvus*, à la Société et aux Australes, *Siganus spinus*, *Moringua sp* à la Société, *Caranx papuensis* aux Marquises...

Pour établir la liste des espèces, les familles ont été classées selon Nelson (1994) et la validité des taxons a été vérifiée à partir des travaux de Eschmeyer (1990, 1997) et de publications spécifiques (voir bibliographie). Une liste pour chaque archipel a été établie.

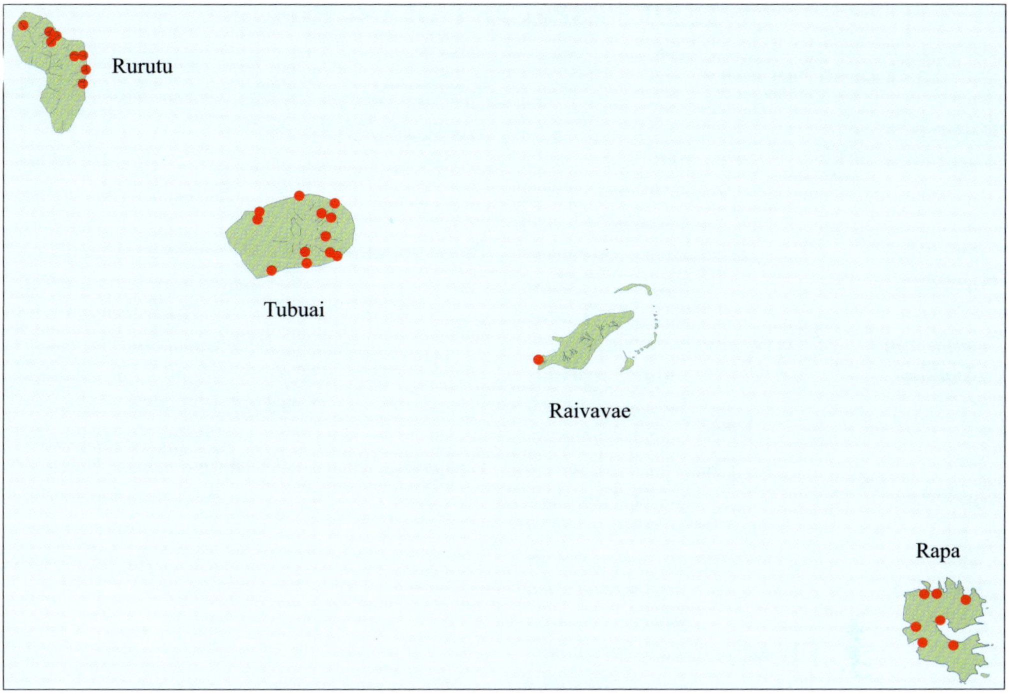

Figure 3 : Carte des stations prospectées aux îles Australes

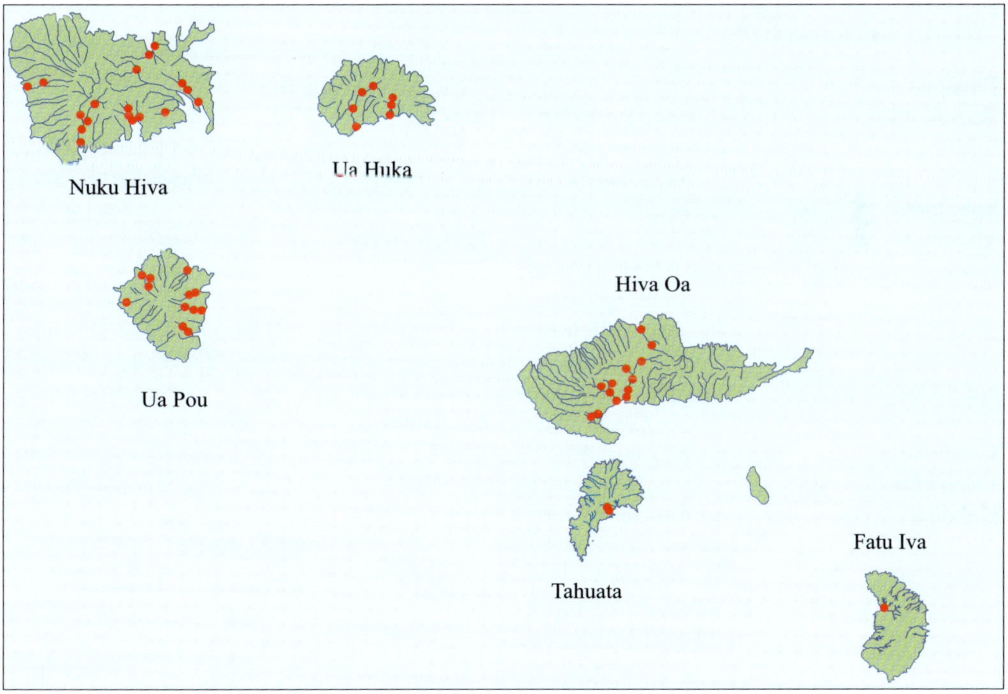

Figure 4 : Carte des stations prospectées aux îles Marquises

LISTE DES ESPÈCES PAR ARCHIPEL

Archipel de la Société

Poissons

Anguillidae — *Anguilla marmorata*, *Anguilla megastoma*, *Anguilla obscura*
Ophichthidae — *Lamnostoma orientalis*
Poeciliidae — *Poecilia reticulata*, *Poecilia sphenops*
Syngnathidae — *Microphis brachyurus brachyurus*
Mugilidae — *Mugil cephalus*, *Valamugil engeli*, *Liza vaigiensis*, *Crenimugil crenilabis*
Kuhliidae — *Kuhlia marginata*, *Kuhlia mugil*
Cichlidae — *Oreochromis mossambicus*
Eleotridae — *Eleotris fusca*
Gobiidae — *Awaous ocellaris*, *Sicyopterus lagocephalus*, *Sicyopterus pugnans*, *Stenogobius genivittatus*, *Stiphodon elegans*

Crustacés Décapodes

Atyidae — *Atyoida pilipes*, *Caridina serratirostris*, *Caridina weberi*
Palaemonidae — *Macrobrachium aemulum*, *Macrobrachium australe*, *Macrobrachium lar*, *Macrobrachium latimanus*, *Macrobrachium lepidactyloides*, *Macrobrachium grandimanus*, *Palaemon concinnus*
Grapsidae — *Metopograpsus thukuhar*, *Geosesarma angustifrons*, *Labuanium trapezoideum*, *Varuna litterata*

Total 34 espèces

Archipel des Australes

Poissons

Anguillidae — *Anguilla marmorata*, *Anguilla megastoma*, *Anguilla obscura*
Poeciliidae — *Poecilia reticulata*
Mugilidae — *Neomyxus leuciscus*, *Mugil cephalus*, *Valamugil engeli*, *Liza vaigiensis*, *Crenimugil crenilabis*
Kuhliidae — *Kuhlia marginata*, *Kuhlia mugil*
Cichlidae — *Oreochromis mossambicus*
Eleotridae — *Eleotris fusca*
Gobiidae — *Awaous ocellaris*, *Sicyopterus lagocephalus*, *Sicyopterus rapa*, *Stenogobius randalli*, *Stiphodon elegans*, *Stiphodon julieni*, *Stiphodon discotorquatus*

Crustacés Décapodes

Atyidae — *Atyoida pilipes*, *Caridina rapaensis*, *Caridina serratirostris*, *Caridina weberi*
Palaemonidae — *Macrobrachium aemulum*, *Macrobrachium australe*, *Macrobrachium lar*, *Macrobrachium latimanus*, *Palaemon concinnus*, *Palaemon debilis*
Grapsidae — *Metopograpsus thukuhar*, *Ptychognathus easteranus*, *Varuna litterata*

Total 33 espèces

Archipel des Marquises

Poissons		Crustacés Décapodes	
Anguillidae	*Anguilla marmorata*	**Atyidae**	*Atyoida pilipes*
Ophichthidae	*Lamnostoma polyophthalma*		*Caridina weberi*
Syngnathidae	*Microphis argulus*	**Palaemonidae**	*Macrobrachium australe*
Mugilidae	*Liza alata*		*Macrobrachium lar*
Eleotridae	*Eleotris fusca*		*Macrobrachium latimanus*
Gobiidae	*Lentipes rubrofasciatus*		*Macrobrachium feunteuni*
	Sicyopterus marquesensis	**Grapsidae**	*Ptychognathus easteranus*
	Sicyopus bitaeniatus		
	Stenogobius marqueti (Hiva Oa)		**Total : 21 espèces**
	Stenogobius caudimaculosus (Nuku Hiva)		
	Stenogobius cf caudimaculosus (Ua Uka)		
	Stenogobius squamosus (Ua Pou)		
	Stiphodon sp		
	Stiphodon tuivi		

Archipel des Gambier

Poissons		Crustacés Décapodes	
Anguillidae	*Anguilla marmorata*	**Atyidae**	*Atyoida pilipes*
	Anguilla megastoma	**Palaemonidae**	*Macrobrachium aemulum*
	Anguilla obscura		*Macrobrachium australe*
Mugilidae	*Mugil cephalus*		*Macrobrachium lar*
Cichlidae	*Oreochromis mossambicus*		*Macrobrachium latimanus*
Eleotridae	*Eleotris fusca*		*Palaemon debilis*
Gobiidae	*Sicyopterus lagocephalus*	**Grapsidae**	*Metopograpsus thukuhar*
			Total : 14 espèces

Archipel des Tuamotu

Poissons		Crustacés Décapodes	
Anguillidae	*Anguilla marmorata*	**Palaemonidae**	*Palaemon debilis*
	Anguilla obscura		
Mugilidae	*Valamugil engeli*		**Total : 4 espèces**

Au total, la Polynésie française abrite 55 espèces: 37 de poissons et 18 de crustacés décapodes d'eau douce. Parmi celles-ci, 17 espèces sont endémiques soit 31% (40,5% pour les poissons et 11% pour les crustacés).

La richesse spécifique est maximale dans l'archipel de la Société (20 espèces de poissons et 14 de crustacés décapodes) et dans l'archipel des Australes (20 espèces de poissons et 13 de crustacés décapodes), elle est bonne dans l'archipel des Marquises (14 espèces de poissons et 7 de crustacés), moyenne dans l'archipel des Gambier (7 espèces de poissons et 7 de crustacés) et faible aux Tuamotu (3 espèces de poissons et 1 de crustacés).

Les Marquises, avec un taux d'endémisme chez les poissons d'eau douce voisin de 64% et chez les crustacés décapodes de 14,5%, constituent un archipel d'une grande valeur patrimoniale. Les Australes ont aussi un taux d'endémisme important : 21% chez les poissons d'eau douce et 7,5% chez les crustacés décapodes.

Les 3 espèces d'anguilles sont présentes dans les archipels de la Société, des Australes et des Gambier. Seule *Anguilla marmorata* colonise les Marquises. Les Kuhliidae dulçaquicoles n'ont pas colonisé les archipels des Gambier et des Marquises. Les Mugilidae sont présents dans tous les archipels. Les Gobiidae sont présents dans les quatre archipels à îles hautes et présentent 15 espèces endémiques à la Polynésie française. Quatre Gobiidae n'ont été trouvés qu'aux Australes (*Stiphodon discotorquatus, Stiphodon julieni, Stenogobius randalli, Sicyopterus rapa*) ainsi qu'une caridine (*Caridina rapaensis*). Au moins 9 espèces de poissons n'existent qu'aux Marquises et y sont endémiques : *Lentipes rubrofasciatus, Sicyopus bitaeniatus, Sicyopterus marquesensis, Stiphodon sp, Stiphodon tuivi, Stenogobius marqueti, Stenogobius caudimaculosus, Stenogobius cf caudimaculosus,* et *Stenogobius squamosus.* Une chevrette, *Macrobrachium feunteuni* est endémique des Marquises. Enfin, deux espèces semblent endémiques de l'archipel de la Société, *Stenogobius genivittatus* et *Sicyopterus pugnans.*

Les 2 familles introduites en Polynésie française (Cichlidae et Poeciliidae) n'ont encore été observées ni aux Marquises, ni aux Gambier.

En résumé, on peut finalement distinguer en Polynésie française cinq catégories d'espèces :

1 - les espèces endémiques : **Crustacés** : *Macrobrachium feunteuni* (Marquises), *Caridina rapaensis* (Australes) ; **Poissons** : *Lentipes rubrofasciatus* (Marquises), *Sicyopus bitaeniatus* (Marquises), *Sicyopterus marquesensis* (Marquises), *Sicyopterus rapa* (Australes), *Stiphodon tuivi* (Marquises), *Stiphodon sp* (Marquises), *Stiphodon discotorquatus* (Australes), *Stiphodon julieni* (Australes), *Stenogobius marqueti* (Marquises), *Stenogobius caudimaculosus* (Marquises), *Stenogobius cf caudimaculosus* (Marquises), *Stenogobius squamosus* (Marquises), *Stenogobius randalli* (Australes), *Stenogobius genivittatus* (Société), *Sicyopterus pugnans* (Société).

2 - les espèces Indo-Pacifiques : **Crustacés** : *Caridina serratirostris, Caridina weberi, Macrobrachium australe, Macrobrachium lar, Macrobrachium latimanus, Macrobrachium aemulum, Palaemon concinnus, Palaemon debilis, Varuna litterata.* **Poissons** : *Anguilla marmorata, Lamnostoma orientalis, Lamnostoma polyophthalma, Microphis argulus, Microphis brachyurus, Kuhlia mugil, Liza alata, Valamugil engeli, Crenimugil crenilabis, Sicyopterus lagocephalus, Eleotris fusca.*

3 - les espèces Pacifiques : **Crustacés** : *Atyoida pilipes, Macrobrachium grandimanus,*

Macrobrachium lepidactyloides, *Ptychognathus easteranus*, *Geosesarma angustifrons*, *Labuanium trapezoideum*, *Metopograpsus thukuhar*. **Poissons** : *Anguilla megastoma*, *Anguilla obscura*, *Neomyxus leuciscus*, *Kuhlia marginata*, *Awaous ocellaris*, *Stiphodon elegans*.

4 - <u>les espèces cosmopolites</u> : **Poissons** : *Mugil cephalus*.

5 - <u>les espèces introduites</u> : **Poissons** : *Oreochromis mossambicus*, *Poecilia reticulata* et *Poecilia sphenops*.

L'étude de la richesse spécifique en poissons et en crustacés décapodes des différents archipels de la Polynésie française, par rapport à d'autres îles de l'Indo-Pacifique, n'a de valeur comparative que dans le cas des îles hautes, bien que le nombre de rivières étudiées soit très différent d'une île à l'autre. Néanmoins, on peut noter que la richesse spécifique dans les îles polynésiennes est supérieure à celle des îles de la Réunion (35 espèces) (Keith *et al.*, 1999), mais inférieure à celle de la Nouvelle-Calédonie (une centaine d'espèces) (Marquet *et al.*, 2001a et b), ou de l'île de Viti Levu, Ryan (1980) 80 espèces.

Trois hypothèses peuvent être avancées pour expliquer le nombre moyen d'espèces trouvées dans les îles hautes polynésiennes : tout d'abord leur jeunesse (entre quelques millions et quelques dizaines de millions d'années), ensuite leur superficie restreinte (un millier de km^2 pour la plus grande) et enfin leur isolement géographique. Elles sont en effet situées à l'extrémité est de la province Indo-Pacifique, par rapport à un arc ouest-pacifique où l'on observe un maximum d'espèces.

En revanche la proportion d'espèces endémiques peut y être élevée. L'endémisme important chez les poissons d'eau douce des Marquises (64%) reste encore partiellement inexpliqué. Ce taux d'endémisme est surprenant car les îles marquisiennes sont moins isolées que d'autres îles de la plaque pacifique présentant peu ou pas du tout d'endémisme. Les Marquises sont, au côté des îles Hawaï et de l'île de Pâques, celles qui, de toutes les îles ou groupes d'îles en Océanie, présentent le plus haut degré d'endémisme pour les poissons. L'explication donne lieu à de nombreuses interprétations. La plus répandue prétend que les ancêtres des espèces endémiques des Marquises devaient être largement distribués dans les différentes îles de la plaque Pacifique. Un évènement vicariant s'est sûrement produit, évènement qui a entraîné l'isolement des Marquises et a permis la divergence des populations. Il est évidemment difficile d'identifier la nature de cet évènement. Deux possibilités sont évoquées : à l'intérieur de la plaque Pacifique l'apparition d'une ancienne fracture entre les Tuamotu et les Marquises, ce qui aurait entraîné l'augmentation de la distance les séparant et l'isolement des Marquises ; ou bien, deuxième possibilité,un courant ancien, responsable de la dispersion des espèces des Tuamotu aux Marquises, a été progressivement modifié et supprimé en même temps que se produisait l'extension linéaire des îles marquisiennes.

IV - LA CONSERVATION ET LA GESTION DES ESPÈCES

Le taux d'endémisme important observé dans les eaux douces de Polynésie française, tant pour les poissons que pour les crustacés d'eau douce, souligne le caractère exceptionnel de ce patrimoine naturel méconnu. Le lagon ou les grands espaces marins avec leurs espèces chatoyantes ont depuis toujours attiré l'attention pour l'alimentation traditionnelle, puis pour le tourisme. Parallèlement, les milieux dulçaquicoles ont le plus souvent été traités avec indifférence et ont servi d'exutoires aux eaux usées, véhiculant les déchets ou faisant l'objet de pompages excessifs. L'abondance passée n'a jamais inspiré le besoin de gestion, chacun utilisant sans compter l'eau douce et exploitant les espèces comestibles avec une relative insouciance. Le développement de l'urbanisme et des activités touristiques, comme celui de l'agriculture avec ses besoins d'irrigation ou ses pratiques phytosanitaires, ont eu pour conséquence une augmentation importante des besoins en eau douce et l'aggravation des rejets polluants.

L'enjeux de ce troisième millénaire sera sans conteste placé sous le signe de la gestion de l'eau. L'eau douce, si importante à la vie, devra acquérir le statut de denrée fragile indissociable du milieu qui la filtre, la stocke et la véhicule. Véritables sentinelles des milieux aquatiques certaines espèces peuvent être utilisées comme indicateurs de qualité. Leur simple présence témoigne de l'équilibre et de la qualité des rivières. En cas de dégradation, certaines espèces endémiques uniques se trouvent menacées de disparition totale de la planète.

La mise en œuvre de programmes d'inventaires des espèces de poissons et de crustacés d'eau douce prend alors toute sa valeur. L'identification des milieux sensibles, des particularités régionales, des espèces endémiques ou indicatrices est le premier acte de gestion. Il permettra par la suite d'engager des programmes de réhabilitation ou de protection avec un suivi régulier permettant d'apprécier les résultats des programmes de restauration et les conséquences des activités anthropiques.

On a coutume de qualifier de gestion durable la prise en compte des facteurs environnementaux dans le développement des activités humaines. Il est beaucoup moins coûteux de préserver par une gestion appropriée un milieu en bon état que de tenter de le réhabiliter après dégradation et tenter d'effacer les cicatrices des erreurs passées.

LES CRUSTACÉS DÉCAPODES

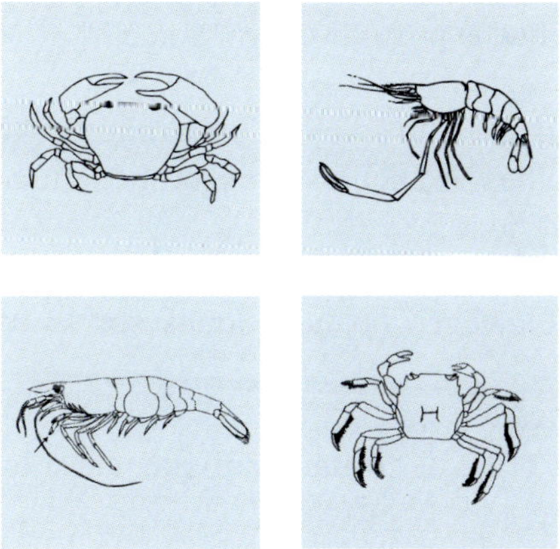

CLÉ DE DÉTERMINATION DES CRUSTACÉS DÉCAPODES D'EAU DOUCE DE POLYNÉSIE FRANçAISE

1-a: Allure de crabe ; corps aplati dorso-ventralement (Fig. 1a) : **2**
1-b: Allure de crevette ; corps plutôt aplati latéralement (Fig. 1b1 et 1b2) : **6**

2-a: Figure en forme de H sur le céphalothorax (Fig. 2a) ; bord antéro-latéral découpé en 3 dents : **3**
2-b: Pas de figure en forme de H sur le céphalothorax ; bord antéro-latéral découpé au maximum en 2 dents : **4**

3-a: Absence d'une frange de soies à l'extrémité des pattes 2, 3, 4 et 5. Front à bord ondulé (Fig. 3a) : .... ***Ptychognathus easteranus***
3-b: Présence d'une frange de soies à l'extrémité des pattes 2, 3, 4 et 5. Front à bord droit (Fig. 3b) : .... ***Varuna litterata***

4-a: Céphalothorax lisse et pratiquement glabre dont la partie antérieure est plus large que la partie postérieure : .... ***Metopograpsus thukuhar***
4-b: Céphalothorax couvert de rugosités et de nombreux poils, presque quadrangulaire : **5**

5-a: Front formé de quatre lobes proéminents de taille égale ; le dactyle des pattes locomotrices P2 à P5 est plus court que le propode : .... ***Labuanium trapezoideum***
5-b: Front presque droit avec une échancrure centrale ; le dactyle des pattes locomotrices P2 à P5 est presque aussi long que le propode : .... ***Geosesarma angustifrons***

6-a: Présence de touffes denses de soies à l'extrémité des doigts des pattes P1 et P2 (Fig. 6a1). Absence d'épines branchiostèges et hépatiques sur le céphalothorax (Fig. 6a2). Famille des Atyidae : **7**
6-b: Absence de touffes denses de soies à l'extrémité des pattes P1 et P2 (Fig. 6b1). Présence d'épines branchiostèges ou hépatiques sur le céphalothorax (Fig. 6b2). Famille des Palaemonidae : **10**

7-a: Carpes des pattes P1 et P2 de forme identique, aussi larges que longs, en forme de "V" (Fig. 7a) : .... ***Atyoida pilipes***
7-b: Carpes des pattes P1 et P2 de forme différente (le carpe de P2 est plus allongé que celui de P1), plus longs que larges et rectilignes (Fig. 7b) : **8**

8-a: Rostre long atteignant l'extrémité du troisième segment du pédoncule antennulaire. Plus de 18 dents sur sa face dorsale dont 6 à 8 en arrière de l'orbite oculaire (Fig. 8a) : .... ***Caridina serratirostris***
8-b: Rostre court ne dépassant pas le second article du pédoncule antennulaire. Moins de 18 dents sur sa face dorsale dont 0 à 3 en arrière de l'orbite oculaire : **9**

Crustacés Décapodes

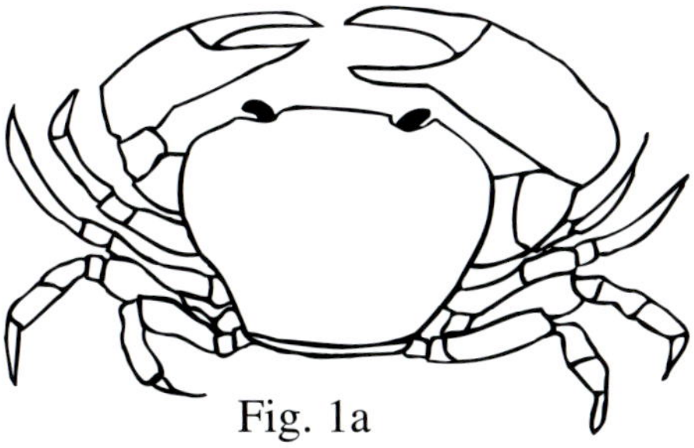

Fig. 1a

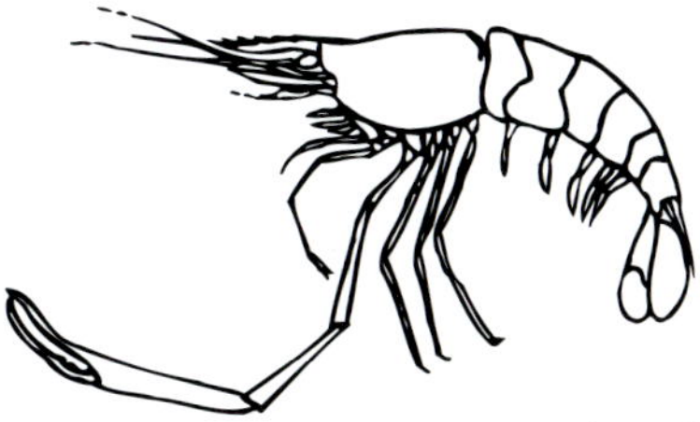

Fig. 1b1

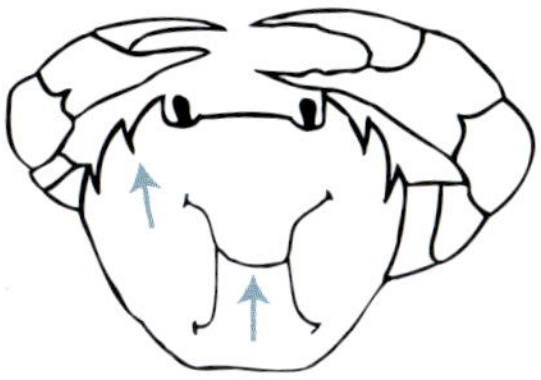

Fig. 2a

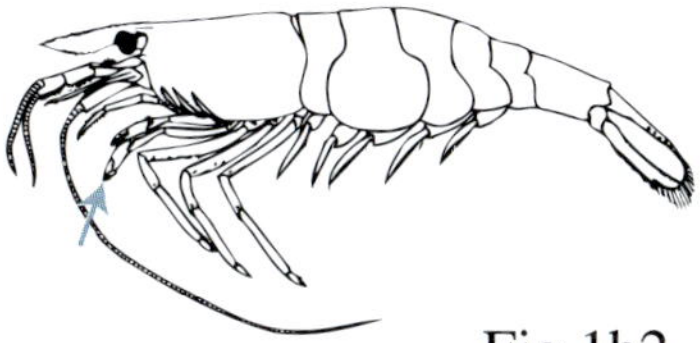

Fig.1b2

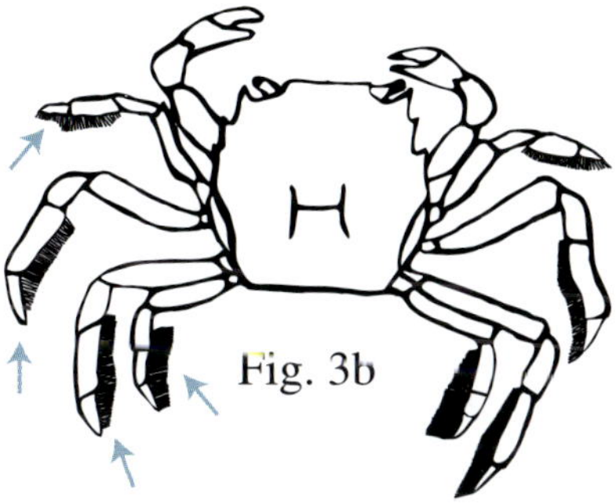

Fig. 3b

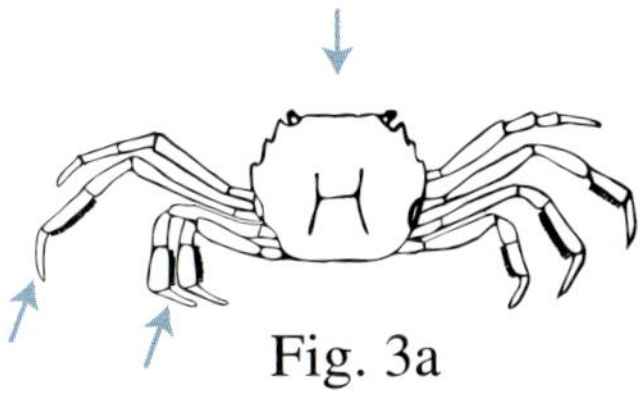

Fig. 3a

Fig. 6a1

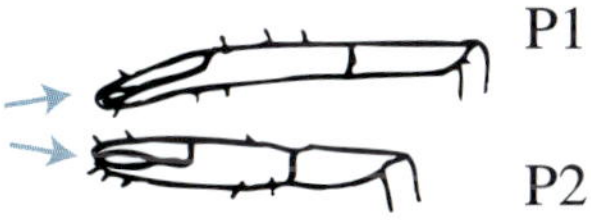

Fig. 6b1

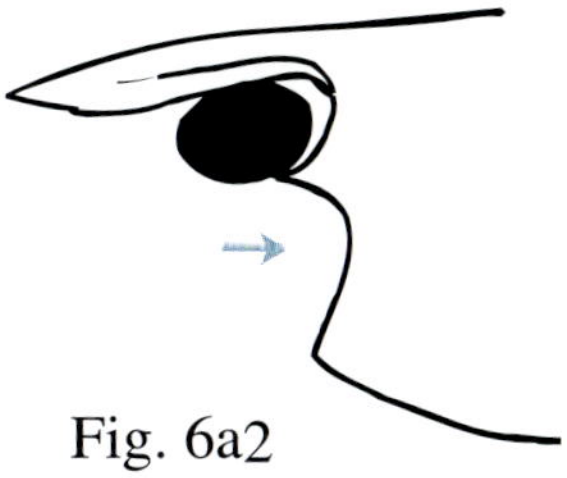

Fig. 6a2

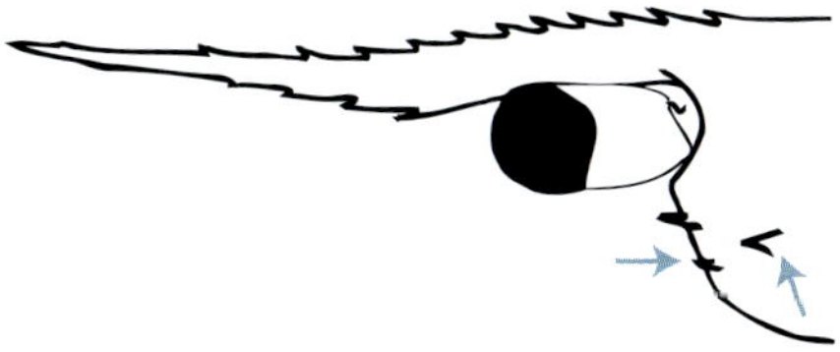

Fig. 6b2

9-a : Plus d'une dizaine de dents sur la face dorsale du rostre (Fig. 9a) : .... ***Caridina weberi***
9-b : Peu de dents (moins de 5) sur la face dorsale du rostre. Uniquement aux îles Australes : .... ***Caridina rapaensis***

10-a : Présence d'une épine branchiostège sur le céphalothorax (Fig. 10a). Absence de l'épine hépatique. Développement modéré de P2 : Genre *Palaemon* : **11**
10-b : Présence d'une épine hépatique sur le céphalothorax (Fig. 10b). Absence de l'épine branchiostège. Grand développement de P2. Genre *Macrobrachium* : **12**

11-a : Partie commune du flagelle antennulaire supérieur bien développée (fusionnée sur 7 à 14 articles). Rostre fortement infléchi vers le haut (Fig. 11a) : .... ***Palaemon debilis***
11-b : Partie commune du flagelle antennulaire supérieur peu importante (fusionnée sur 6 à 10 articles). Rostre très légèrement infléchi vers le haut (Fig. 10a) : ....
.... ***Palaemon concinnus***

12-a : Epine antennaire et épine hépatique sur une même ligne (Fig. 12a). Espèce strictement inféodée à la partie inférieure de la rivière soumise à l'influence de la marée : .... ***Macrobrachium grandimanus***
12-b : Epine antennaire au-dessus de l'épine hépatique (Fig. 12b). Espèce non strictement inféodée à la partie inférieure de la rivière soumise à l'influence de la marée : **13**

13-a : Carpe de P2 nettement plus long que le mérus (Fig. 13a) : **14**
13-b : Carpe de P2 légèrement plus long ou légèrement plus court que le mérus : **15**
13-c : Carpe de P2 nettement plus court que le mérus (Fig. 13c) : ....
.... ***Macrobrachium latimanus***

14-a : Rostre plutôt dirigé vers le bas et n'atteignant pas l'extrémité du pédoncule antennulaire. 4 à 5 dents en arrière de l'orbite oculaire sur la face dorsale du rostre (Fig. 14a) : .... ***Macrobrachium aemulum***
14-b : Rostre plutôt dirigé vers le haut et dépassant l'extrémité du pédoncule antennulaire. 2 à 3 dents en arrière de l'orbite oculaire sur la face dorsale du rostre. Trois rayures distinctes sur chaque coté du céphalothorax : ....
.... ***Macrobrachium australe***

15-a : 5 dents au minimum sur la partie dorsale du rostre en arrière de l'œil. Les deux premiers péréiopodes des grands mâles sont inégaux (Fig. 15a) : **16**
15-b : 2 à 3 dents au maximum sur la partie dorsale du rostre en arrière de l'œil. Les deux premiers péréiopodes des grands mâles sont égaux (Fig. 15b) : ....
.... ***Macrobrachium lar***

Crustacés Décapodes

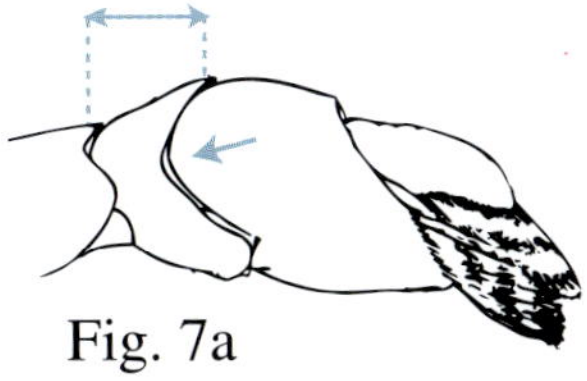

Fig. 7a

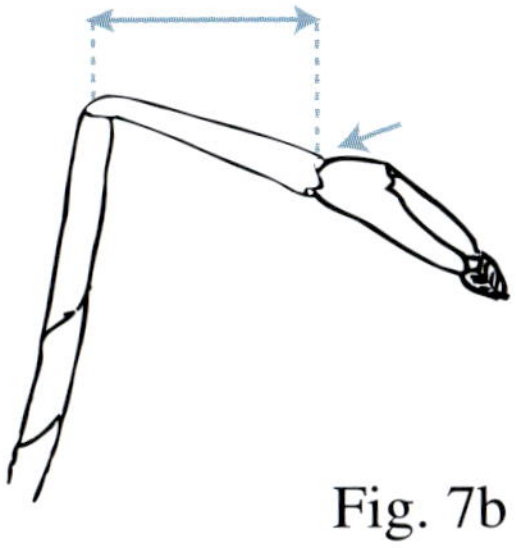

Fig. 7b

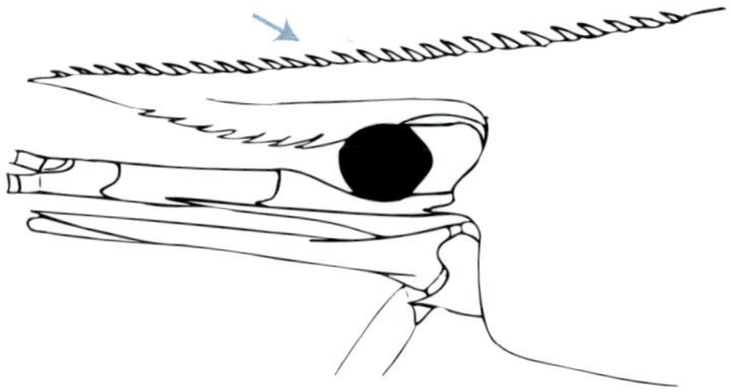

Fig. 8a

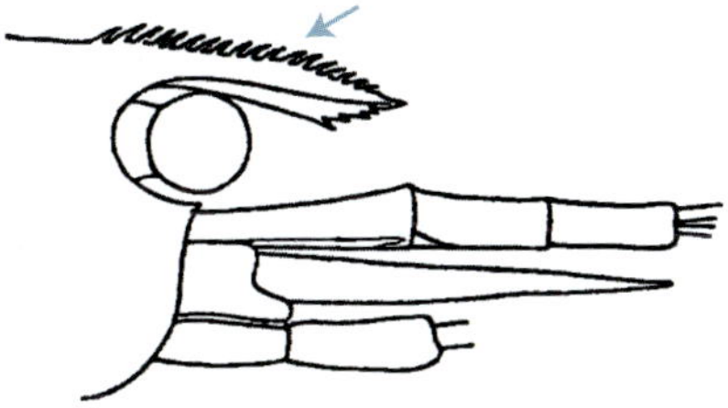

Fig. 9a

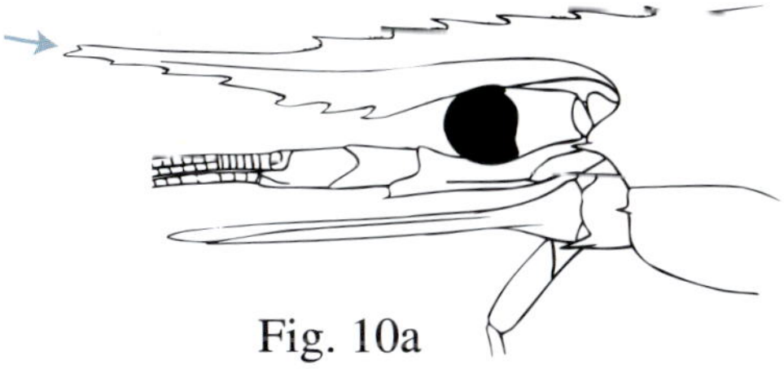

Fig. 10a

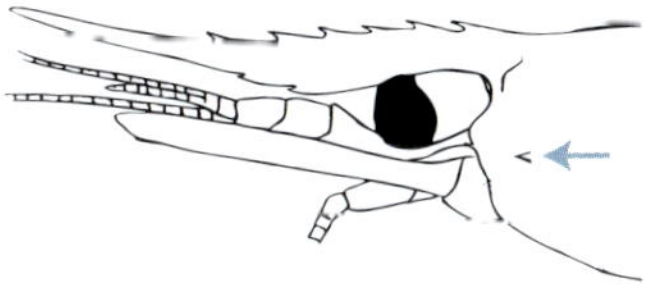

Fig. 10b

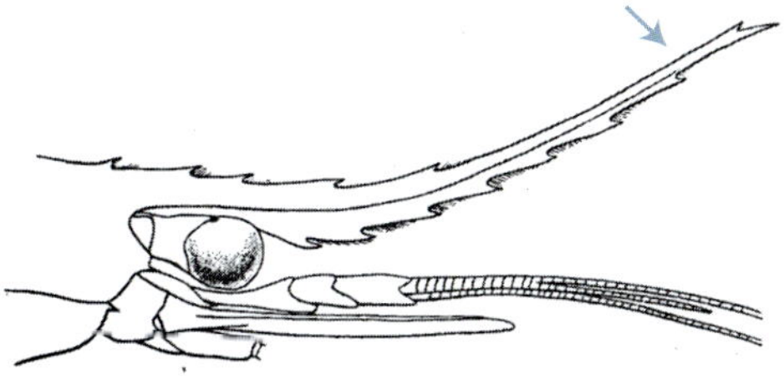

Fig. 11a

16-a : La longueur de la carapace portant les dents rostrales représentent moins de 50% de la longueur du céphalothorax. Doigt légèrement plus long que la paume chez le plus grand des seconds péréiopodes des grands mâles : .... ***Macrobrachium lepidactyloides***

16-b : La longueur de la carapace portant les dents rostrales représentent plus de 50% de la longueur du céphalothorax. Doigt plus court que la paume chez le plus grand des seconds péréiopodes des grands mâles. Endémique des îles Marquises : .... ***Macrobrachium feunteuni***

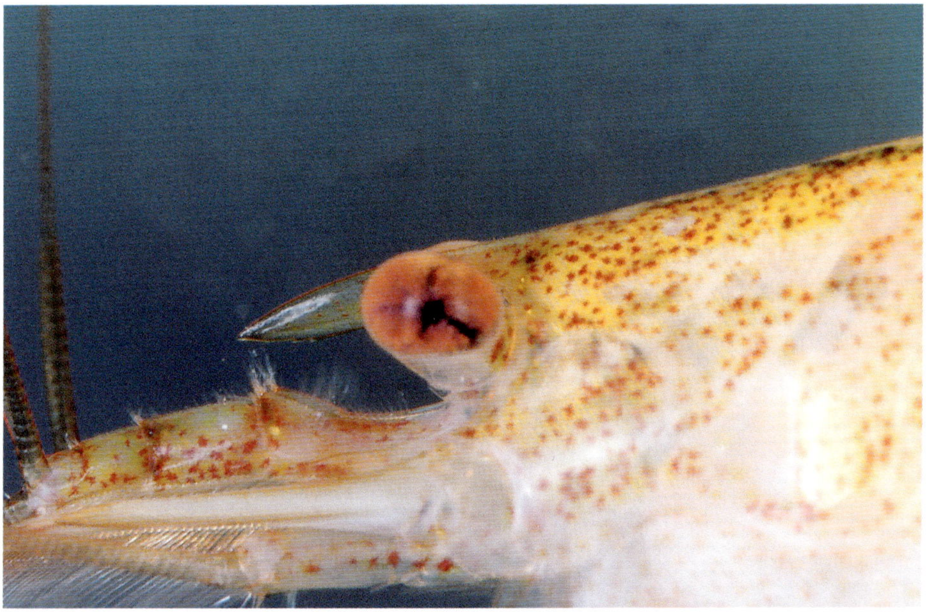

E. Vigneux *Caridina rapaensis*

Crustacés Décapodes

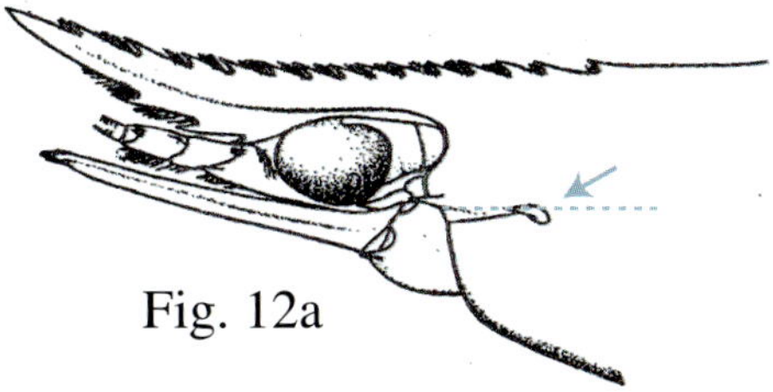

Fig. 12a

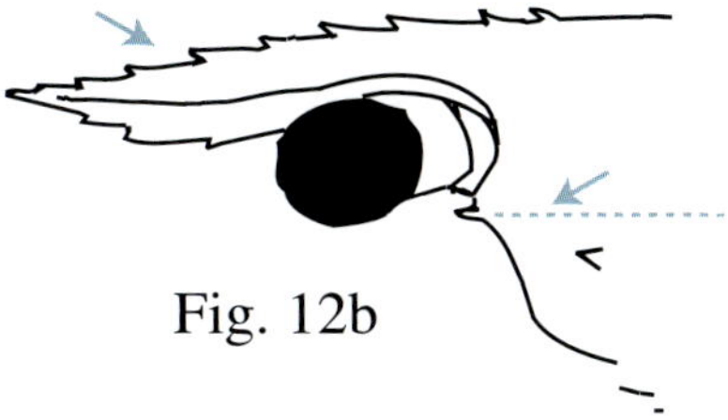

Fig. 12b

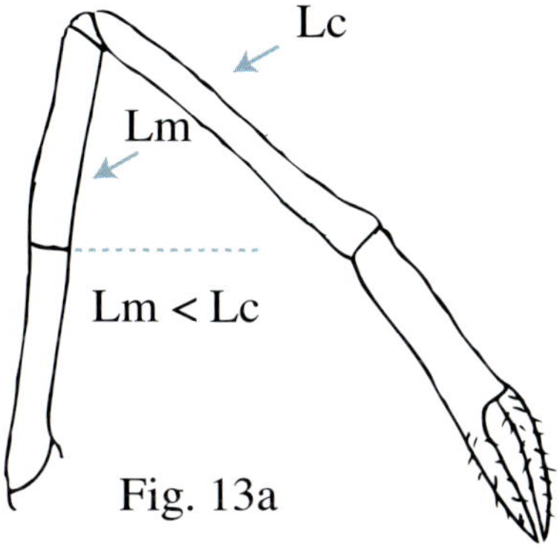

Fig. 13a

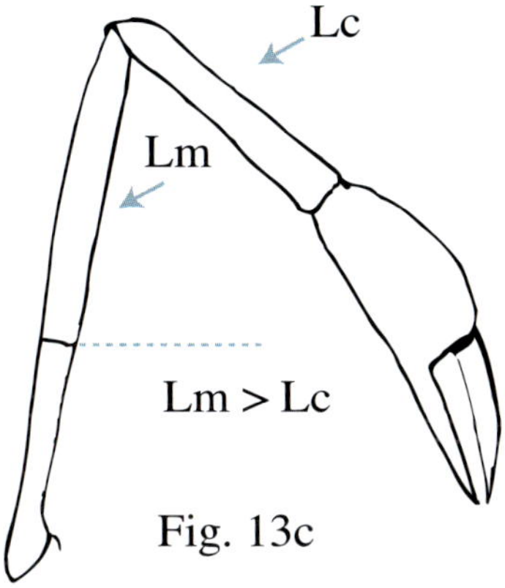

Fig. 13c

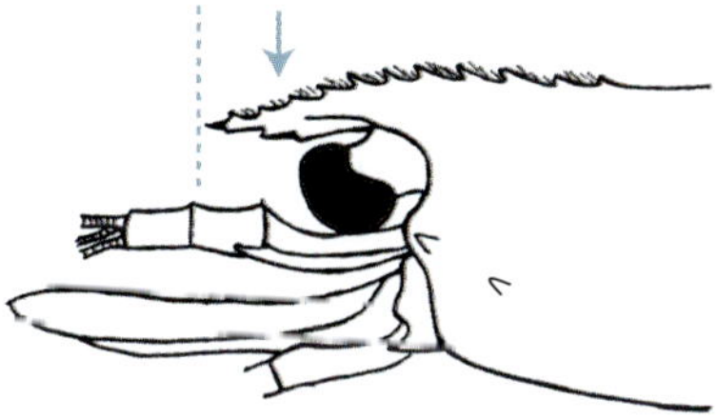

Fig. 14a

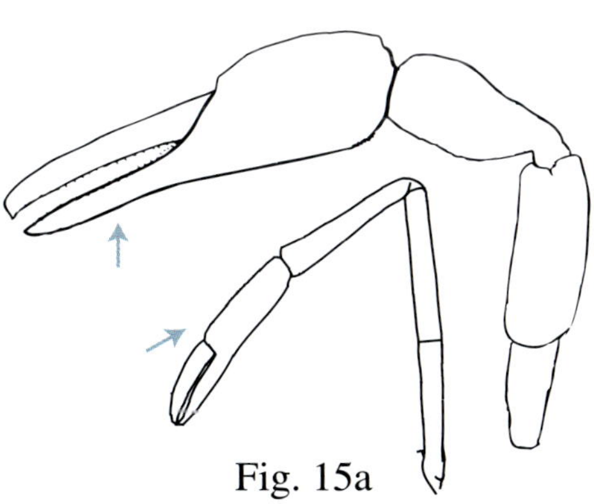

Fig. 15a

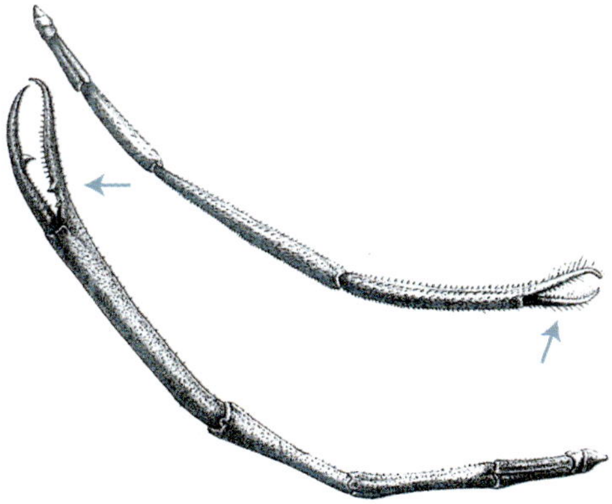

Fig. 15b

ORDRE DES DÉCAPODES

Les décapodes possèdent une carapace qui recouvre la tête, le thorax et latéralement la chambre branchiale. Les trois premières paires d'appendices thoraciques sont modifiées en appendices buccaux (les maxillipèdes), tandis que les cinq paires suivantes sont de vraies pattes (décapodes = 10 pattes). Les décapodes constituent l'ordre le plus important de la classe des crustacés.

Famille des Atyidae

Les espèces de cette famille possèdent des péréiopodes P1 et P2 semblables, avec une pince creusée en forme de cuillère et des doigts terminés par des touffes de soies servant à ratisser ou à filtrer la nourriture.

Atyoida pilipes (Newport, 1847)
nipuu, hinako (M) ; crevette, saltarelle koros (F)

Description

Sa forme générale est celle d'une crevette. Les yeux sont bien développés. Les deux premiers péréiopodes P1 et P2 présentent des touffes de soies à l'extrémité de leurs doigts. Les carpes des pattes P1 et P2 sont aussi larges que longs et profondément échancrés en forme de "V". L'espèce se différencie grâce à son rostre un peu incurvé vers le bas, non armé ou portant simplement une dent ventralement, moins fréquemment deux, et très rarement trois. Les exopodites sont absents sur tous les péréiopodes. Le troisième maxillipède possède une épine terminale. Chez les mâles, la première paire de pléopodes a des endopodes effilés de la base vers l'extrémité ; quant à la deuxième paire, elle supporte les appendices mâles de forme sub-cylindrique. La coloration du corps est d'un gris bleuté. Des taches bleuâtres en forme de virgule sont bien visibles sur le céphalothorax. Les femelles sont plus grandes que les mâles. Elles peuvent atteindre 30 à 35 mm et les mâles 20 à 30 mm.

Biologie

Cette espèce préfère les eaux fraîches très bien oxygénées. On la trouve du cours inférieur au cours supérieur. Son biotope est caractérisé par des rivières de faible largeur. C'est une excellente nageuse que l'on trouve sur les roches ou sur la végétation, dans les zones où les courants sont les plus forts (1 à 2 mètres à la seconde), en particulier les femelles ovigères, L'espèce serait protandre. Les adultes vivent totalement en eau douce mais les larves vivraient en eau saumâtre ou en mer. Elles sont fortement rhéophiles. Les post-larves et les juvéniles remontent le courant et franchissent les chutes en rampant sur les substrats humides. Le régime alimentaire est de type détritivore. Les pinces modifiées et dimorphes servent à ratisser les détritus et les algues ou à filtrer les particules organiques contenues dans l'eau.

Distribution

Atyoida pilipes est une espèce du Pacifique, répartie des Philippines jusqu'à la Polynésie française en passant par Fidji, la Nouvelle-Calédonie et les Samoa.

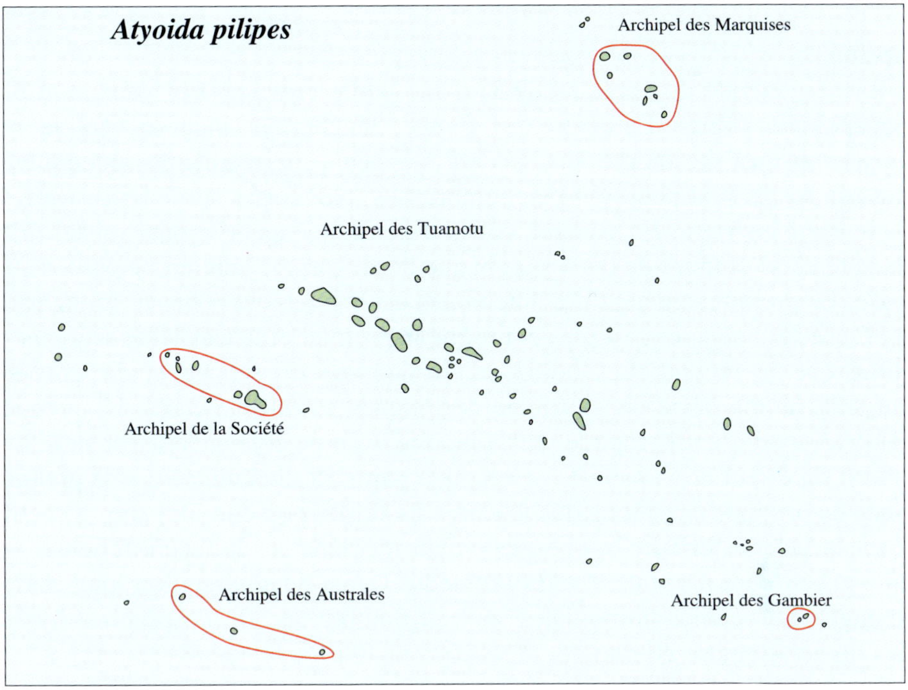
Atyoida pilipes
Archipel des Marquises
Archipel des Tuamotu
Archipel de la Société
Archipel des Australes
Archipel des Gambier

E. Vigneux

Caridina rapaensis Edmondson, 1935
caridine de Rapa (F)

Description

La forme générale du corps est celle d'une petite crevette. Les yeux sont bien développés mais courts. Le rostre est mince, légèrement incurvé vers le bas, s'allongeant jusqu'à la moitié du second segment du pédoncule antennulaire. Les dents du rostre sont petites et peu nombreuses, plus fortes sur le bord supérieur que sur le bord inférieur. En général, celles du haut occupent le quart distal. Elles sont en général au nombre de 0 à 4 sur chaque bord. L'épine antennaire possède une large base. Le premier segment des antennules est légèrement concave sur sa partie dorsale. Le second segment est plus court que le premier et le troisième segment est aussi long que le second. Les bords ventro-latéraux du second et du troisième segment sont munis d'une dense frange de longues soies plumeuses. La première paire de péréiopodes a un propode plus long que le carpe et le dactyle est aussi long que le bord supérieur de la paume. La seconde paire est plus mince que la première et possède un propode aussi long que le carpe. Le telson possède six paires de petites épines sur la face supérieure et une petite dent médiane sur la face inférieure. Son extrémité postérieure présente 9 soies plumeuses ainsi qu'un aiguillon long et fin à chaque angle. Les épines uropodiales sont au nombre de 20. L'espèce est hyaline rosacée et peut atteindre 20 mm.

Biologie

Cette espèce fréquente surtout les cours inférieurs et moyens des cours d'eau. Le régime alimentaire de cette caridine est de type détritivore. Elle se nourrit de détritus, d'algues fixées sur les rochers, qui sont raclés et ramassés grâce à ses deux pinces terminées par de longues soies.

Distribution

Cette espèce est endémique de l'archipel des Australes et a été décrite à partir de spécimens collectés à Rapa, d'où son nom d'espèce (*rapaensis*).

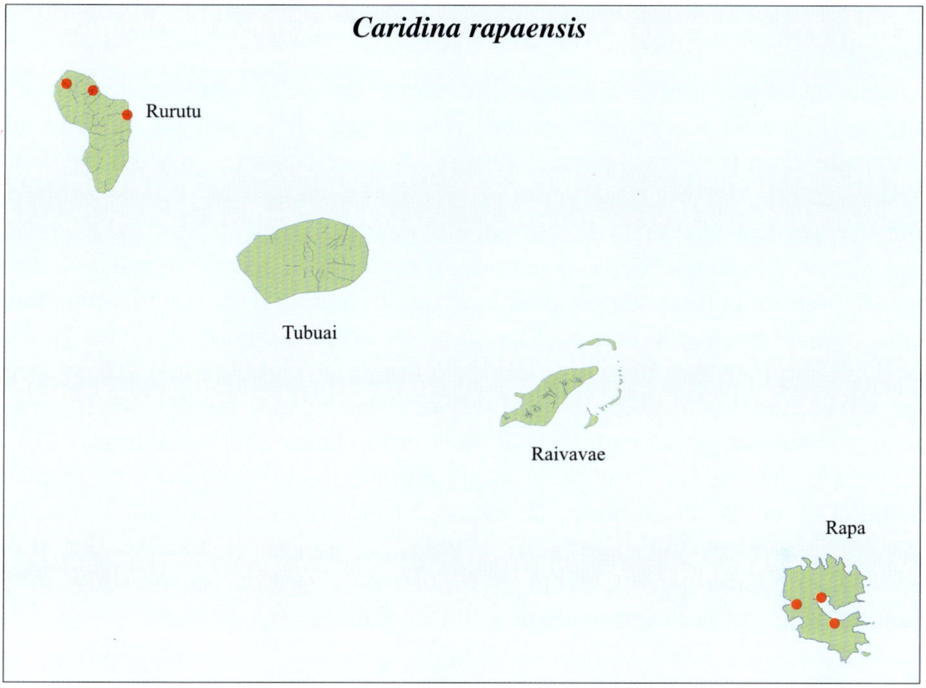

E. Vigneux

Caridina serratirostris De Man, 1892
caridine serratulée (F)

Description

La forme du corps est celle d'une petite crevette. Les yeux sont bien développés. Le rostre rectiligne est légèrement incurvé vers le haut. Il porte 19 à 26 dents sur sa face dorsale, dont 6 à 8 sont placées derrière l'orbite oculaire ; il y a 6 à 8 dents sur sa face ventrale. L'épine antennaire est visible et placée sous l'angle orbitaire inférieur. Le second segment du pédoncule antennulaire est très long et fin. Le stylocérite est très long et dépasse le premier segment du pédoncule antennulaire. Le carpe du premier péréiopode est plus long que le mérus. Il est 3,5 fois plus long que large et aussi long que le propode. Le carpe du deuxième péréiopode est 10 fois plus long que large et bien plus long que le propode. Le telson porte 4 à 5 paires d'épines sur la face dorsale. Les exopodites sont absents sur tous les péréiopodes. L'épine supraorbitaire est absente. Les épines uropodiales sont nombreuses (15 à 18). L'appendice interne sur l'endopode du premier pléopode est absent chez le mâle. La coloration du corps est variable : de hyalin à rose orange ou carmin. Les pattes locomotrices possèdent une alternance d'anneaux rouges et hyalins. Le nom d'espèce vient du latin *serrati*, denté et de *rostris*, rostre, en raison du nombre important de dents sur la face dorsale de celui-ci. Taille : 10 à 20 mm.

Biologie

Cette espèce vit dans les eaux saumâtres des estuaires et dans le cours inférieur des rivières. Son régime alimentaire est de type détritivore. Elle se nourrit en effet de détritus, d'algues fixées sur les rochers ou sur les plantes. Ceux-ci sont raclés et ramassés au moyen de deux pinces prolongées par de longues soies. Les œufs sont petits (0,35 à 0,5 mm) et très nombreux.

Distribution

Elle fréquente la zone Indo-Pacifique de Madagascar et des Mascareignes, jusqu'en Polynésie française et en Nouvelle-Calédonie. L'espèce a été décrite à partir de spécimens des îles Lesser Sunda en Indonésie.

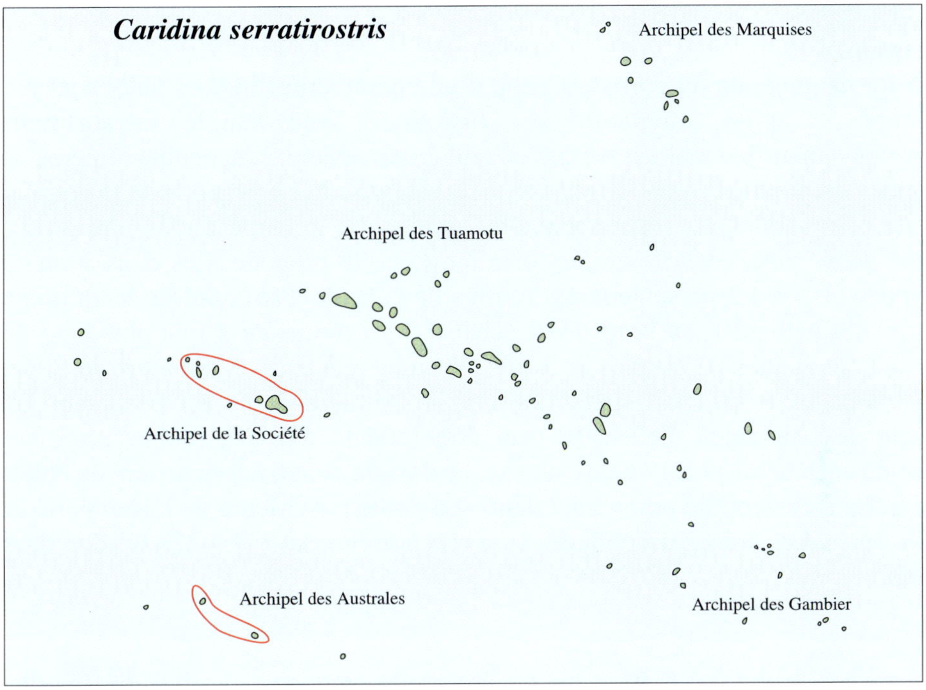
Caridina serratirostris
Archipel des Marquises
Archipel des Tuamotu
Archipel de la Société
Archipel des Australes
Archipel des Gambier

E. Vigneux

Caridina weberi De Man, 1892

nipuu, hinako (M) ; saltarelle nez-camus (F)

Description

La forme générale du corps est celle d'une petite crevette. Les yeux sont bien développés. L'épine antennaire est fusionnée avec l'angle infraorbitaire. Son prolongement préanal est caréné et saillant en arrière. L'appendice interne sur l'endopode du premier pléopode chez le mâle est présent. Le propode de la première paire de péréiopodes est légèrement plus grand que le carpe tandis que pour la seconde paire, c'est le carpe qui est plus long que le propode. Les deux premiers péréiopodes P1 et P2 présentent des touffes de soies à l'extrémité de leurs doigts. Le carpe des pattes P1, au bord distal échancré, est moins de 2 fois plus long que large, celui des pattes P2 est plus de 5 fois plus long que large. L'armature des doigts des péréiopodes 3 et 4 est spécifique car la première épine est beaucoup plus forte que les suivantes. Le rostre peut être infléchi dans sa moitié antérieure. Il présente en général 11 à 17 dents sur sa face dorsale dont 0 à 3 en arrière de l'orbite oculaire. La face ventrale porte 2 à 7 dents. La partie postérieure du telson porte dix longues soies. Les épines uropodiales sont très nombreuses (17 à 22). Taille : de 30 à 35 mm.

Biologie

C'est une espèce qui préfère les faciès calmes et riches en végétaux (feuilles, racines) des cours moyens et supérieurs des cours d'eau. Son régime alimentaire est de type détritivore. Elle se nourrit en effet de détritus et d'algues collés sur les rochers, qui sont raclés et ramassés grâce à ses deux pinces prolongées par de longues soies. Son biotope est strictement limité aux eaux douces oxygénées. Son intérêt économique est reconnu dans certaines régions comme l'Indonésie où elle est consommée. Les œufs sont petits et très nombreux.

Distribution

Caridina weberi a une répartition Indo-Pacifique. Elle est présente de l'Inde au Vietnam, en passant par les Philippines, Fidji, la Nouvelle-Calédonie et la Polynésie française.

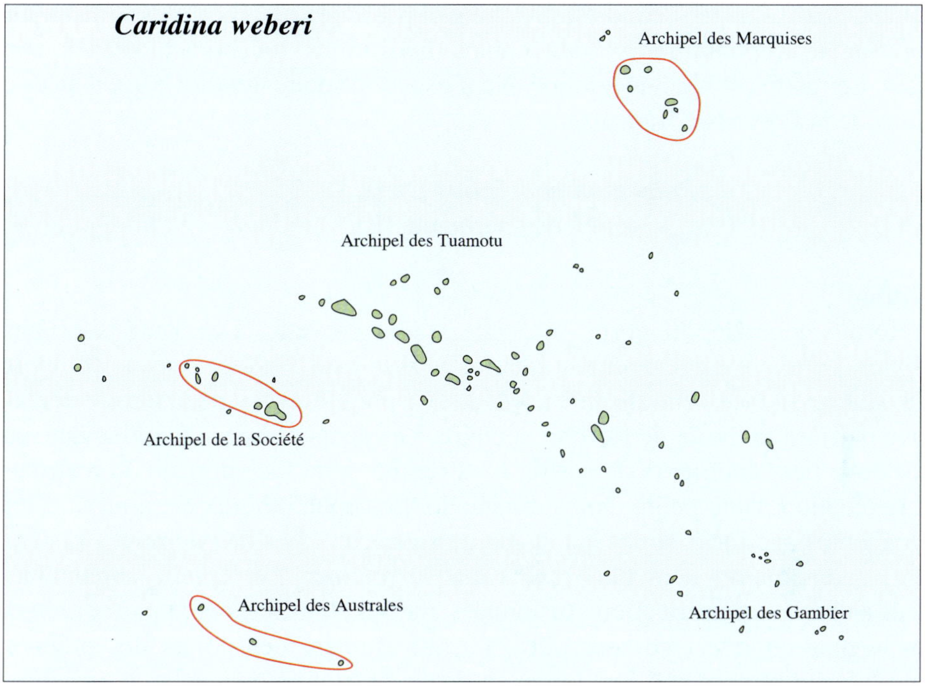
Caridina weberi
Archipel des Marquises
Archipel des Tuamotu
Archipel de la Société
Archipel des Australes
Archipel des Gambier

E. Vigneux

Famille des Palaemonidae

Les espèces de cette famille possèdent une petite pince sur le premier péréiopode, tandis que le second est plus long et possède une pince plus forte et plus grande. Sur le céphalothorax, des épines hépatiques ou branchiostèges sont présentes. Le rostre est bien développé. Neuf espèces fréquentent les eaux douces et saumâtres de la Polynésie française.

Palaemon concinnus Dana, 1852
crevette charmante (F)

Description

La forme générale du corps est celle d'une crevette. Les yeux sont bien développés. Le rostre est légèrement incurvé vers le haut. Sa face dorsale comporte de 5 à 8 dents et sa face ventrale de 3 à 7 dents. La première dent de la rangée dorsale se trouve derrière la limite de l'orbite oculaire. Les dents placées ventralement sont dans les deux tiers antérieurs du rostre. L'extrémité de la face dorsale du rostre est lisse à l'exception d'une petite dent sub-apicale. Le céphalothorax est pourvu d'une épine branchiostège forte, située sur sa marge antérieure. Les deuxième et troisième segments antennulaires sont plus courts que le premier. Le flagelle antennulaire supérieur a ses deux ramifications fusionnées sur 6 à 10 articles et la partie libre du rameau le plus court est composé de 21 à 30 articles. Les doigts des premiers péréiopodes sont minces et d'une longueur égale ou supérieure à celle de la paume. Le carpe est long d'environ 2,5 à 3 fois la longueur de la pince. Les seconds péréiopodes sont minces et élancés, mais plus forts que la première paire. Le telson est allongé et triangulaire. La couleur du corps est translucide avec une bande longitudinale noire sur le céphalothorax et des points noirs sur le dernier segment abdominal. Taille : de 60 à 65 mm.

Biologie

Cette crevette fréquente les eaux saumâtres des estuaires ou des eaux stagnantes ainsi que la partie basse du cours inférieur des rivières. Son régime alimentaire est de type opportuniste : elle se nourrit notamment de résidus de matières organiques, de cadavres et de débris végétaux.

Distribution

Palaemon concinnus fréquente toute la zone Indo-Pacifique depuis la côte est de l'Afrique, jusqu'à la Nouvelle-Calédonie et la Polynésie française.

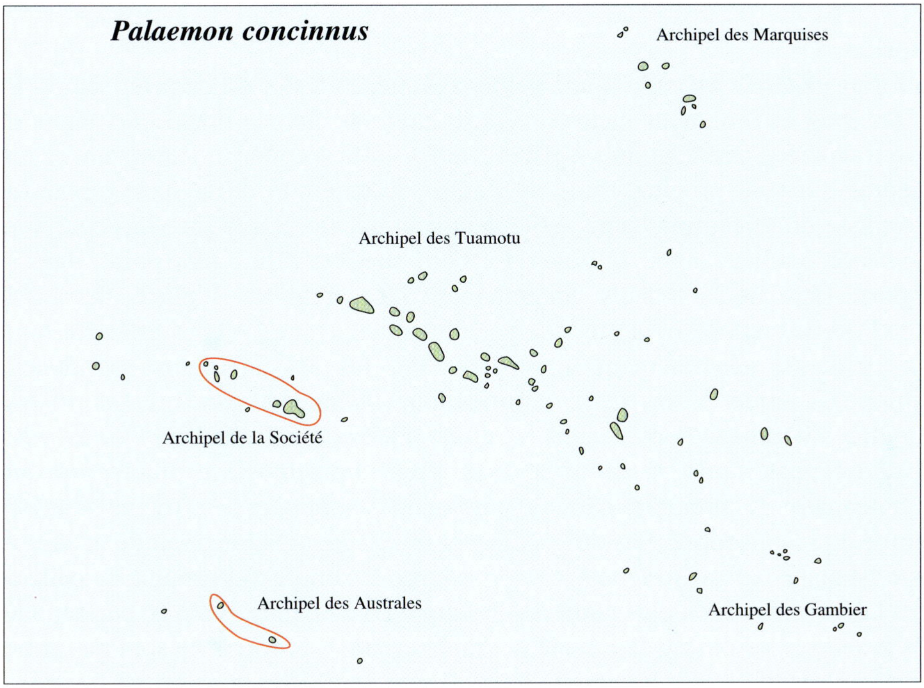
Palaemon concinnus
Archipel des Marquises
Archipel des Tuamotu
Archipel de la Société
Archipel des Australes
Archipel des Gambier

E. Vigneux

Palaemon debilis Dana, 1852
crevette faible (F)

Description

La forme générale est celle d'une petite crevette. L'espèce est caractérisée par un rostre très long et fortement incurvé vers le haut. Au niveau dorsal, les dents du rostre sont séparées par de grands espaces, sauf pour la seconde et la troisième dents postérieures qui sont proches l'une de l'autre. L'extrémité de la face dorsale du rostre est lisse, à l'exception d'une petite dent sub-apicale. Sur la face inférieure, les dents ont une double rangée de soies. Le bord supérieur du rostre porte, dans sa moitié postérieure, de 2 à 8 dents, généralement 5. La première est placée derrière la limite de l'orbite oculaire et la seconde légèrement en avant. Le bord inférieur porte de 3 à 10 dents, généralement 6, réparties sur les 3/4 antérieurs. Le flagelle antennulaire supérieur a ses deux ramifications fusionnées sur 7 à 14 articles; la partie libre du rameau le plus court est d'une taille équivalente à celle de la partie soudée. Le céphalothorax est pourvu d'une épine branchiostège plus courte que l'épine antennaire. La première paire de péréiopodes atteint, et peut même dépasser, l'extrémité du scaphocérite. Les doigts égalent ou excèdent la longueur de la paume. Le carpe est élancé, d'une longueur comprise entre le simple et le double de celle de la pince. Le mérus est bien plus court que le carpe. La deuxième paire de péréiopodes est plus grande et les pinces dépassent le scaphocérite. Les doigts ne sont pas armés et se ferment sur toute leur longueur; ils mesurent les 2/3 de la paume. Le telson a deux paires d'épines dorsales placées respectivement au milieu et au 3/4 de la longueur. *P. debilis* est totalement transparente avec une bordure rouge sur la face ventrale du rostre. L'espèce peut mesurer jusqu'à 35 mm de long.

Biologie

Cette espèce est rencontrée principalement le long des côtes, en eau saumâtre dans les estuaires et parfois dans la partie basse du cours inférieur des cours d'eau (mais moins haut que *P. concinnus*). Son régime alimentaire est de type opportuniste ; elle se nourrit notamment de résidus de matières organiques, de débris végétaux et de cadavres.

Distribution

L'espèce a une répartition Indo-Pacifique, elle est présente de la Mer Rouge et des îles de l'Océan Indien jusqu'aux îles Hawaï et à la Polynésie française (Iles Australes, Tuamotu, Gambier) en passant par la Nouvelle-Calédonie.

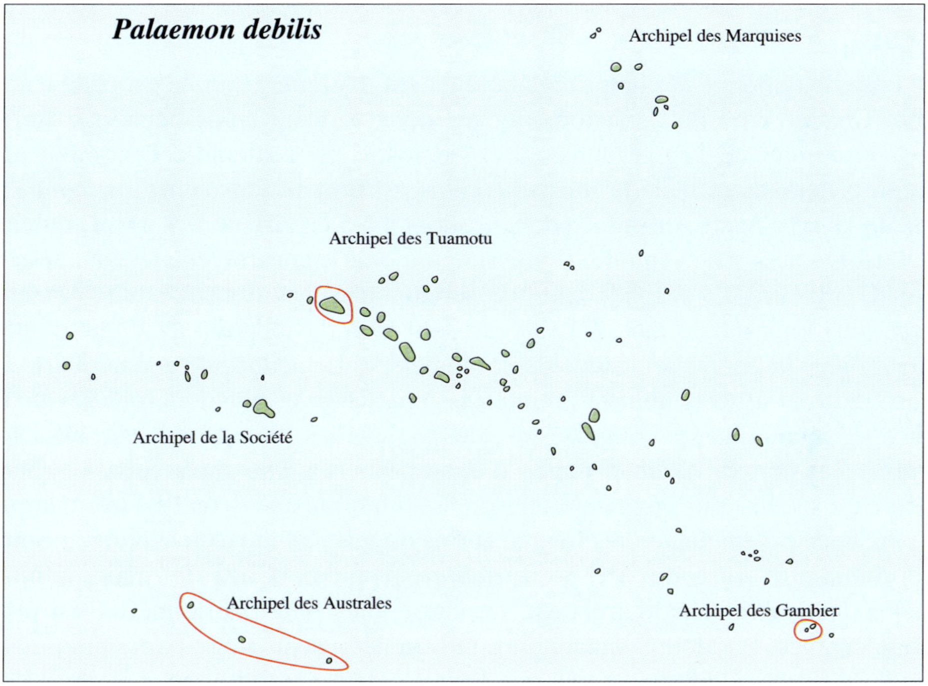
Palaemon debilis
Archipel des Marquises
Archipel des Tuamotu
Archipel de la Société
Archipel des Australes
Archipel des Gambier

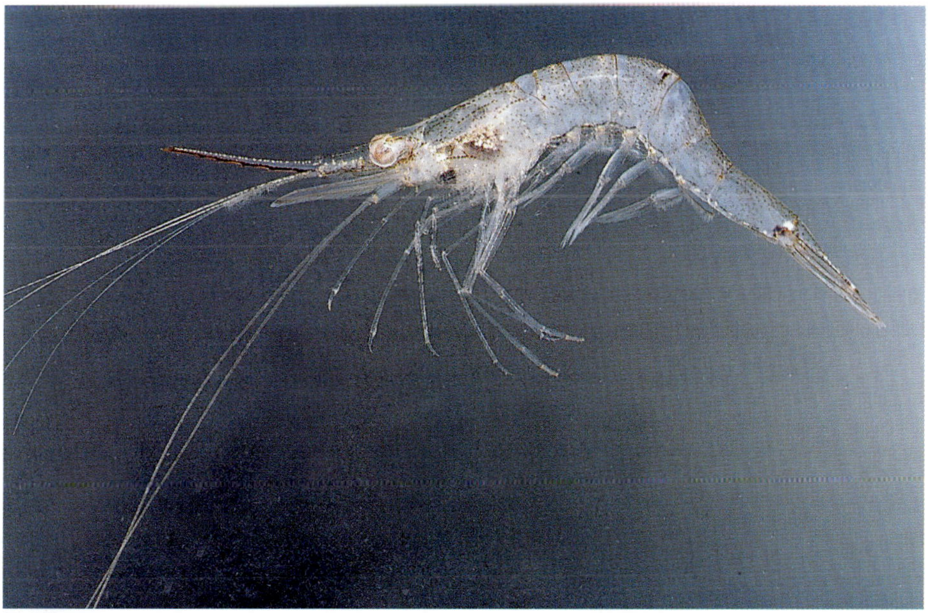

E. Vigneux

Macrobrachium aemulum (Nobili, 1906)
chevrette imitatrice (F)

Description

Le corps est allongé et comprimé latéralement. L'allure générale est celle d'une crevette. Chaque côté du céphalothorax est pourvu d'une épine hépatique forte, située à proximité de l'épine antennaire. Le rostre peut atteindre l'extrémité du pédoncule antennulaire mais le plus souvent il est un peu plus court que celui-ci. Il porte de 10 à 14 dents sur sa face dorsale, dont 4 à 5 en arrière de l'orbite oculaire et 0 à 4 dents sur sa face ventrale. Il présente toujours une partie convexe au dessus de l'arcade orbitaire. La seconde paire de péréiopodes chez le mâle adulte possède un carpe plus long que le mérus. Les yeux sont bien développés, avec une cornée globuleuse plus large que le pédoncule et pigmentée. Le pédoncule antennulaire est composé de trois articles dont le premier est plus large et plus long que les deux suivants. L'antennule se compose de deux flagelles. Le telson est allongé, triangulaire, et pourvu de deux paires d'épines sur la partie supérieure. La paire antérieure est située à mi-longueur du telson. Le dimorphisme sexuel est très marqué grâce à la pince proéminente, très longue et fine du mâle adulte d'où le nom de genre dérivé de *macro* (grande) et de *brachium* (pince). Chez le mâle adulte, les chélipèdes sont d'inégale grandeur. Le carpe, plus long que le mérus, est plus court que la pince. Les doigts ont, au plus, une ou deux dents sur la partie proximale du tranchant du bord interne, tandis que le reste est assez uniforme. Les juvéniles sont transparents et légèrement tachetés de brun-rouge. Leur carapace est beaucoup moins épaisse que celle des adultes ; leur rostre est relativement plus long et élancé et le sixième segment abdominal est beaucoup plus allongé. Le telson se termine toujours par une pointe effilée. Chez les adultes, les mâles sont en principe plus grands que les femelles. La coloration est rosacée avec des zébrures caractéristiques sur le céphalothorax. La taille de cette espèce varie de 60 à 85 mm.

Biologie

Macrobrachium aemulum est une chevrette cantonnée strictement aux eaux douces, dans la partie inférieure à moyenne des cours d'eau. C'est une espèce rhéophile, elle vit là où le courant est fort. Après éclosion, les larves passent par de nombreux stades planctoniques. Le développement des stades post-larvaires a lieu en milieu marin à saumâtre. Le régime alimentaire de l'espèce est plutôt de type omnivore.

Distribution

On rencontre *M. aemulum* à l'ouest de la zone Indo-Pacifique, plus précisément entre les côtes du sud-est de l'Inde, jusqu'en Nouvelle-Calédonie et en Polynésie française.

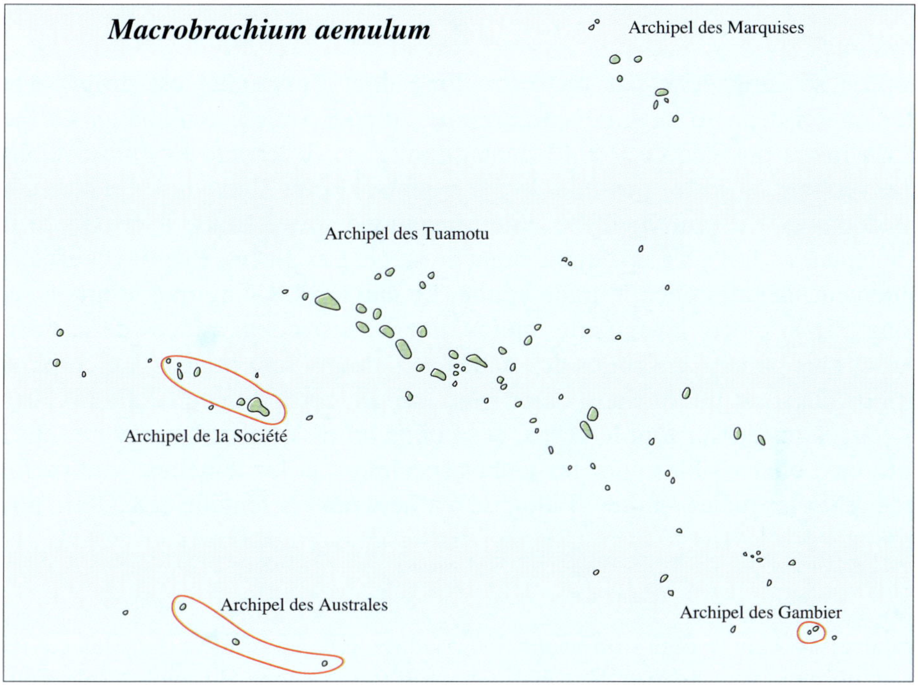
Macrobrachium aemulum
Archipel des Marquises
Archipel des Tuamotu
Archipel de la Société
Archipel des Australes
Archipel des Gambier

E. Vigneux

Macrobrachium australe (Guérin-Méneville, 1838)
'oura 'itara (S) ; kōuà (M) ; chevrette australe (F)

Description

L'espèce se caractérise par un rostre long dont l'extrémité est dirigée vers le haut. Celui-ci dépasse largement l'extrémité du pédoncule antennulaire. La face dorsale du rostre possède de 9 à 13 dents, dont 2 ou 3 derrière l'orbite oculaire. La partie ventrale du rostre possède de 2 à 8 dents, le plus souvent 4. Chaque côté du céphalothorax est pourvu d'une épine hépatique forte, située à proximité de l'épine antennaire ; il n'y a pas d'épine branchiostège. Les pinces, longues et effilées, sont nettement inégales chez le mâle adulte. Le carpe, plus long que le mérus, est aussi long que la pince. La femelle, moins grande, a ses deux pinces de la même longueur et plus petites que celles des mâles. Les doigts sont minces. Le corps, de couleur gris clair, est plutôt transparent avec, sur les côtés du céphalothorax, trois rayures rougeâtres et, sur tout le corps, des points bruns à noirs. Les rayures sur le céphalothorax, bien visibles chez les jeunes spécimens et les femelles, sont parfois estompées chez les mâles adultes. Taille : de 6 à 7 cm pour la femelle et 8 à 9 cm pour le mâle.

Biologie

L'espèce vit dans le cours inférieur des rivières. Elle se réfugie dans les cavités rocheuses ou dans les vasques. Son habitat varie tout au long du cycle biologique. On la trouve aussi en zone d'estuaire sous les berges et dans les herbiers. C'est une espèce amphidrome. La reproduction s'effectue en eau douce ou saumâtre. La période d'incubation est d'environ 18 jours. Comme pour les autres *Macrobrachium* les larves sont phototropes et planctoniques, elles ne survivent pas plus de 4 à 5 jours dans l'eau douce et migrent rapidement en eau saumâtre ou marine. Les juvéniles mesurant de 25 à 30 mm effectuent ensuite des migrations de la mer vers l'intérieur des terres. Ils se nourrissent de petits vers, de petits crustacés, d'algues et de détritus organiques. Plutôt active la nuit, cette espèce passe la journée à l'abri sous les pierres.

Distribution

Cette espèce a une très large distribution dans les océans Indien et Pacifique. Elle se rencontre de Madagascar et La Réunion, jusqu'à Taiwan, les Philippines, l'Indonésie, la Nouvelle-Calédonie et la Polynésie française.

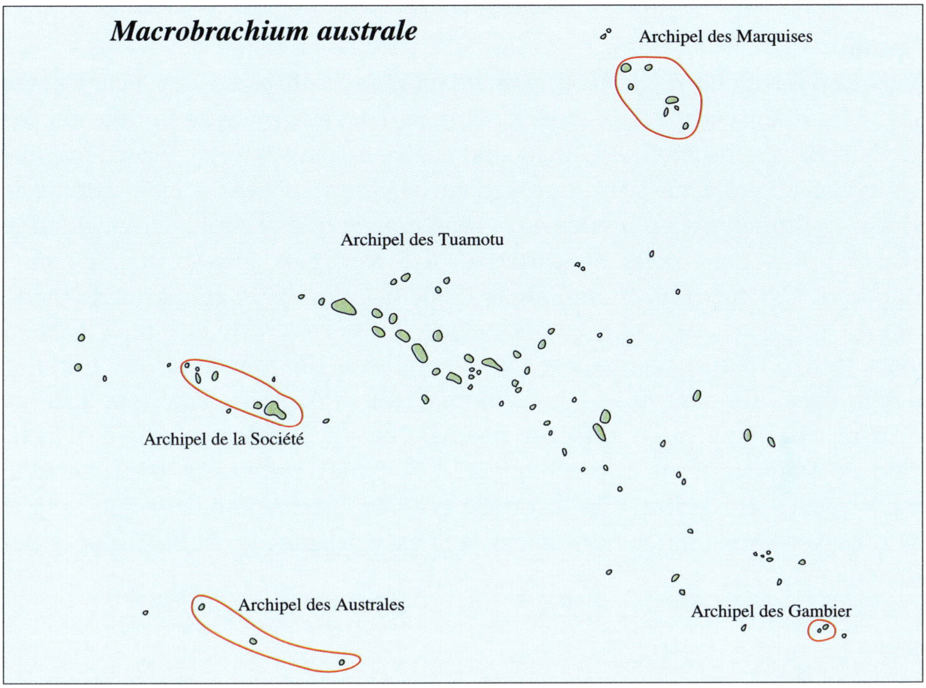
Macrobrachium australe
Archipel des Marquises
Archipel des Tuamotu
Archipel de la Société
Archipel des Australes
Archipel des Gambier

E. Vigneux

Macrobrachium grandimanus (Randall, 1840)

bouquet hawaïen (F)

Description

L'espèce possède un rostre rectiligne et légèrement dirigé vers le haut. Celui-ci possède 13 à 17 dents sur la face supérieure, dont 4 à 5 en arrière de l'orbite oculaire et 4 ou 5 sur la face inférieure. L'épine antennaire est plutôt forte. En arrière, mais dans le même alignement, se trouve l'épine hépatique. Chez le mâle adulte, les chélipèdes sont dimorphes. La paume est plus grande que le carpe (sa longueur est comprise 1,1 fois dans celle du carpe) et 1,5 fois plus grande que le mérus. Le propode est 2,5 fois plus grand que le carpe et 3 fois plus grand que le mérus. Le doigt est presque aussi long que la paume. Le corps est hyalin mais parsemé de petites taches rouges nombreuses et disséminées sur tout le corps. Certaines taches regroupées forment des lignes. On peut ainsi distinguer une ligne médiane sur le rostre, une ligne discontinue de chaque côté de l'abdomen et 4 à 5 taches en forme de virgule sur le céphalothorax. Les pattes présentent une alternance d'anneaux rouges et hyalins. On distingue parfois, chez les femelles et chez les juvéniles, des anneaux orange fluorescents à la base des pinces. Taille : l'espèce peut atteindre 6 cm.

Biologie

Macrobrachium grandimanus préfère la partie basse du cours inférieur des rivières et les estuaires. Elle dépasse rarement la limite supérieure de la zone soumise à l'influence de la marée et s'aventure peu dans la zone dulçaquicole stricte. Elle préfère les eaux lentes où elle s'abrite parmi la végétation immergée des berges. Elle semble avoir un régime alimentaire de type omnivore (détritus organiques, végétaux...). Le développement larvaire dure 27 jours à 27°C dans une eau de salinité de 25‰ et comprend dix stades larvaires (9 zoés et une mégalope).

Distribution

Cette espèce est connue dans la région Pacifique à Hawaï, Fidji, Tonga, les îles Ryukyu et la Nouvelle-Calédonie. En Polynésie, elle a été capturée pour la première fois à Moorea en 1997 dans le cadre de la réalisation de cet ouvrage.

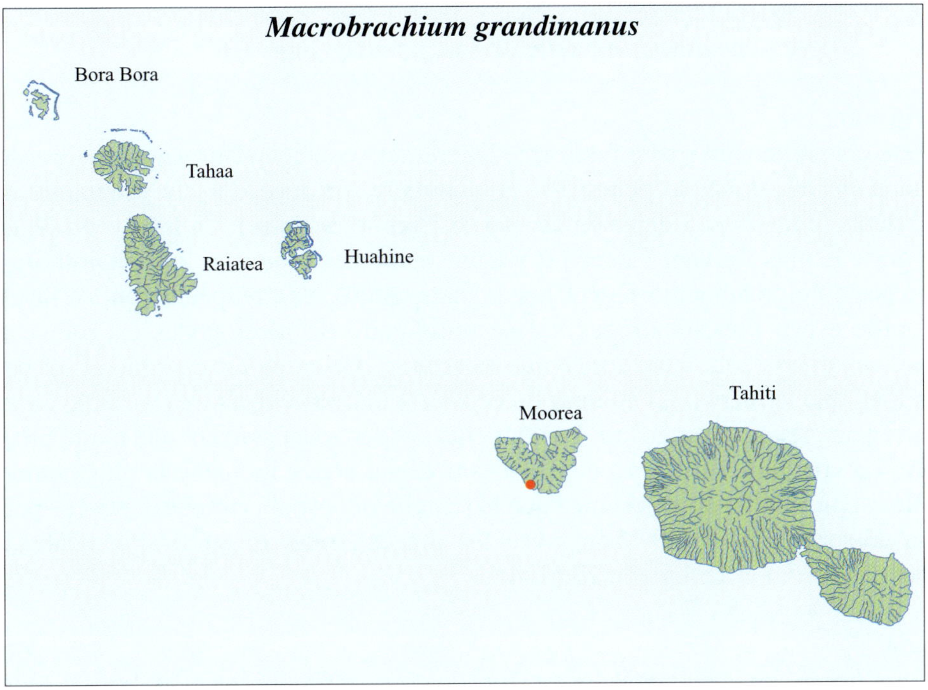
Macrobrachium grandimanus
Bora Bora
Tahaa
Raiatea
Huahine
Moorea
Tahiti

E. Vigneux

Macrobrachium lar (Fabricius, 1798)
'oura 'pape, 'oura 'oiha'a (S) ; ura vai (A) ;
paeho, hetou, tipu (jeune), akae, hakaè, kōuà (M) ;
chevrette, chevrette divine, bouquet singe (F)

Description

Cette chevrette a un rostre fusiforme légèrement concave dans sa partie dorsale, atteignant ou dépassant le pédoncule antennulaire. Sa face dorsale est munie de 7 à 10 dents (dont 2 ou 3 dents en arrière de l'orbite oculaire). La face ventrale du rostre porte le plus souvent 3 dents. Il y a une épine hépatique sur le céphalothorax. Il n'y a pas d'épine branchiostège. Chez le mâle adulte, les chélipèdes sont de forme et de taille à peu près identiques. La seconde paire de péréiopodes est mince et élancée, ses doigts sont aussi longs que sa paume. Le carpe est en général un peu moins long que le mérus. La couleur du corps est uniforme mais très variable allant du marron au gris et au rougeâtre. Les femelles ovigères ont souvent une teinte bleue sombre. La chevrette est l'espèce de crustacé d'eau douce indigène la plus grande. Le mâle est plus grand et plus élancé que la femelle qui est plus trapue. Le corps peut parfois dépasser 20 cm (30-35 cm avec les pinces), mais en général le mâle ne dépasse pas 16 cm et la femelle 13,5 cm.

Biologie

Macrobrachium lar vit dans les rivières du cours inférieur jusqu'au bas du cours supérieur. Elle colonise les cavités rocheuses dans les cours d'eau oxygénés, les vasques recevant des cascades, les herbiers, mais aussi la proximité des embouchures. C'est une espèce amphidrome. La reproduction s'effectue en eau douce ou saumâtre. La copulation intervient à l'issue d'une parade nuptiale. Les œufs sont relativement petits et plus de 40 000 peuvent être portés par une même femelle. La période d'incubation est d'environ 20 jours. Le développement larvaire dure 89 jours à 23-26°C dans une eau de salinité de 35‰ et comprend 10 stades larvaires de type zoé. A l'éclosion les larves sont entrainées vers la mer. Les juvéniles effectuent une migration vers les eaux douces lorsqu'ils atteignent une taille de 30 à 35 mm. Ils remontent alors le courant et franchissent les chutes en rampant sur les substrats humides. L'alimentation de cette espèce est variée et plutôt de type omnivore. La chevrette se raréfie de façon inquiétante sur certaines rivières en raison d'une pêche importante et de la destruction progressive de son habitat.

Distribution

Macrobrachium lar possède une très large répartition dans la zone Indo-Pacifique des côtes est-africaines, aux Seychelles, à Madagascar, à l'île Maurice, à la Réunion et jusqu'en Polynésie française et en Nouvelle-Calédonie, en passant par les Philippines, l'Indonésie et Fidji.

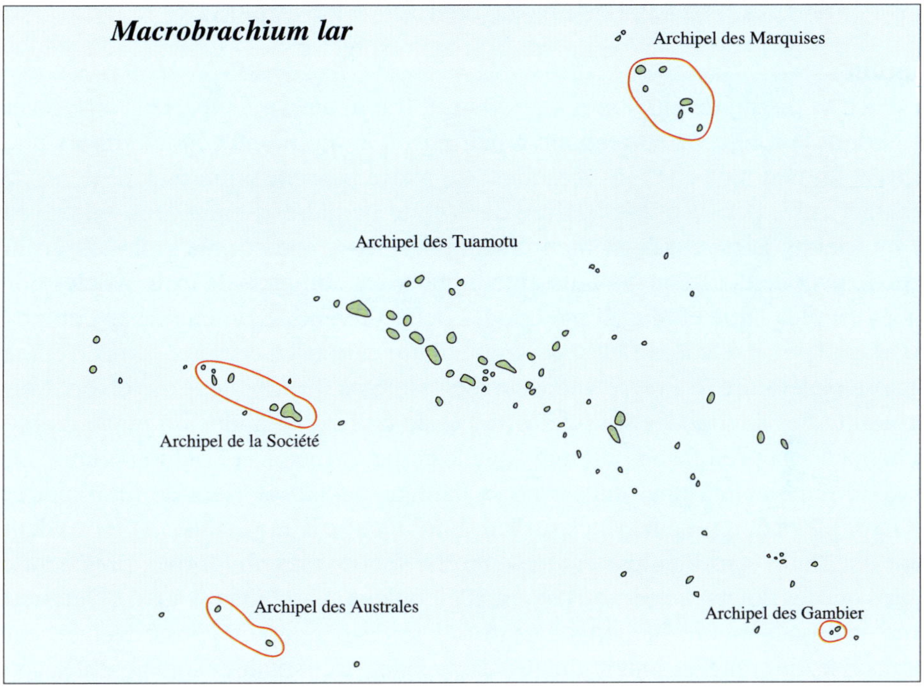
Macrobrachium lar
Archipel des Marquises
Archipel des Tuamotu
Archipel de la Société
Archipel des Australes
Archipel des Gambier

E. Vigneux

Macrobrachium latimanus (von Martens, 1868)

'oura 'onana, 'ava féefée (S) ; ura vai, koura mamoe (A) ; pimata, aipimata, vaeaèi (M) ; bouquet, chevrette montagne, chevrette à larges pinces (F)

Description

L'espèce se distingue par son rostre court et trapu, au bord supérieur dirigé vers le haut et dont la longueur correspond à peu près à la moitié du céphalothorax chez les mâles et un peu plus chez les femelles. Le rostre possède entre 6 et 12 dents sur la face supérieure, dont 1 à 2 en arrière de l'orbite oculaire et entre 1 et 4 dents sur la face inférieure. Les yeux sont bien développés, avec une cornée globuleuse plus large que le pédoncule. Le pédoncule antennulaire est composé de trois articles dont le premier est plus large et plus grand que les deux suivants. L'antennule se compose de deux flagelles. Le telson est allongé, triangulaire et pourvu de deux paires d'épines sur la partie supérieure. La paire antérieure est située à mi-longueur du telson. Chez le mâle adulte, les chélipèdes sont de forme et de taille identiques. La pince du plus grand chélipède est presque aussi longue que le carpe, le mérus et l'ischion réunis ; elle est massive, semblable à une main avec sa paume (*latimanus* vient de *latio* : porter ; *manus* : main). Les doigts sont armés sur leur bord interne d'une dizaine de fortes dents et ils ont une taille sensiblement équivalente. Le mérus est cylindrique, plus petit et moins gros que les doigts. Le carpe est court et globuleux. L'ischion est aussi cylindrique et mesure environ la moitié du mérus. Les trois derniers péréiopodes possèdent, excepté sur leur dactyle, des rangées longitudinales de spinules. Ces spinules sont absentes chez les jeunes. Les pattes de la deuxième paire de chélipèdes des femelles sont identiques en forme et en taille et les doigts possèdent 11 à 14 dents rapprochées. La coloration est brun-rose à orange avec souvent des points bleus le long de l'abdomen. Les seconds chélipèdes, en particulier chez le mâle, sont brun-orange avec l'extrémité noire. La taille maximale rencontrée avoisine 130 mm pour les mâles et 100 mm pour les femelles.

Biologie

Cette espèce fréquente plutôt les parties moyennes et supérieures des rivières, dans les secteurs à courant moyen à fort et les vasques des cascades. Elle préfère les fonds caillouteux avec des blocs et des rochers qui offrent des caches importantes. La température de l'eau dans ces zones ne dépasse que très rarement 20°C et l'oxygénation est bonne. *M. latimanus* est très prisée par les Polynésiens qui la pêchent la nuit à la torche avec une sagaie. C'est une espèce amphidrome. Après la ponte, qui a lieu en eau douce, les larves sont entraînées par le courant et poursuivent leur développement en mer. Les juvéniles, mesurant de 20 à 25 mm, effectuent ensuite une migration de la mer vers l'intérieur des terres. Ils remontent le courant et franchissent les cascades en rampant sur les substrats rocheux. *M. latimanus* a un régime alimentaire de type omnivore, plutôt opportuniste.

Distribution

Son aire de répartition est Indo-Pacifique. Cette espèce s'étend sur toute la façade ouest du Pacifique, allant du Japon à la Polynésie, aux Fidji et à la Nouvelle-Calédonie, jusqu'aux côtes ouest de l'Inde.

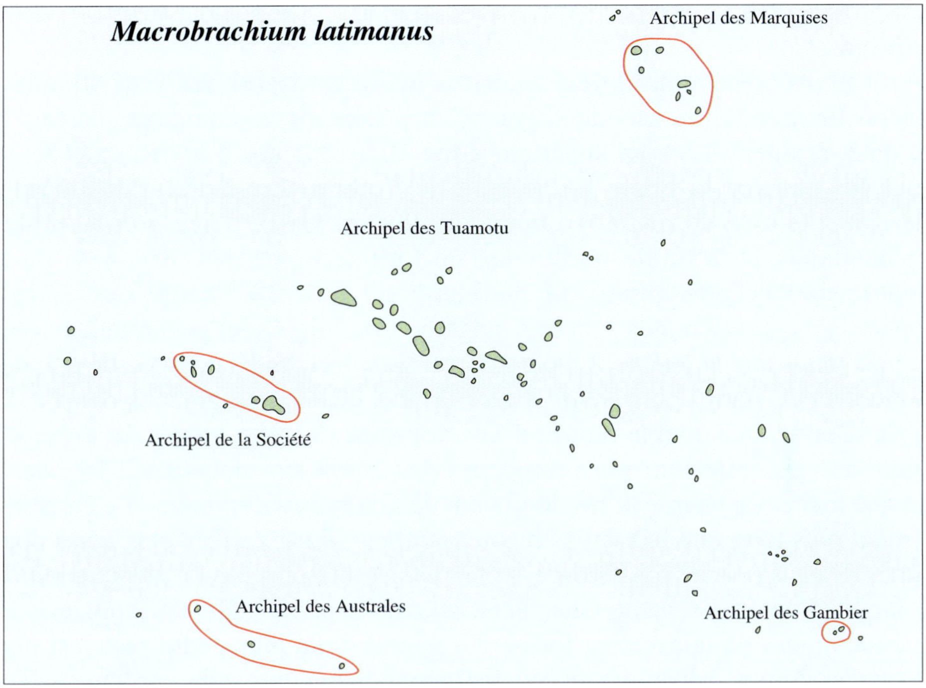
Macrobrachium latimanus
Archipel des Marquises
Archipel des Tuamotu
Archipel de la Société
Archipel des Australes
Archipel des Gambier

E. Vigneux

Macrobrachium lepidactyloides (De Man, 1892)
bouquet malais (F)

Description

Le rostre est presque droit, légèrement convexe au-dessus des yeux. Il atteint en général l'extrémité du second segment du pédoncule antennulaire, parfois le milieu du 3e segment. Le bord supérieur porte 10 à 13 dents. 5 à 7 (6 en général) sont placées derrière la limite postérieure de l'orbite. Ces dents sont réparties régulièrement le long du rostre. La première dent est placée à peu près au milieu du céphalothorax et la limite postérieure de l'orbite représente 39 à 48% de la longueur totale du céphalothorax. Le bord inférieur porte 2 à 3 dents. Les seconds péréiopodes des grands mâles sont très inégaux. Les doigts sont généralement plus fins et plus longs que la paume. La partie proximale des doigts possède de grandes dents : le dactyle porte 2 à 3 dents. Entre la plus distale des grandes dents et la pointe du dactyle, une double rangée d'une douzaine de dents aiguës est présente. La paume est généralement plus compressée et 2 fois ou moins de 2 fois aussi longue que haute. La paume et les doigts ont de nombreuses spinules. Le carpe est légèrement plus long que le mérus chez les adultes ; il est parfois plus court chez les jeunes. Dans sa partie postérieure, le mérus devient plus étroit, presque moitié moins large qu'antérieurement. Chez la femelle ou le jeune mâle, les 2 pinces sont presque identiques en taille et en forme. La paume de la plus petite patte est plus courte que les doigts ; les doigts de cette patte ont de longues soies sur leur surface extérieure, tandis que le bord coupant porte 2 à 4 très petites dents dans la partie proximale. L'espèce est orangée à brune. Taille : 3 à 7 cm.

Biologie

Macrobrachium lepidactyloides fréquente de préférence la partie haute du cours inférieur des rivières. Elle préfère les zones courantes de type radier avec des contre-courants. Elle semble avoir un régime alimentaire de type opportuniste : elle se nourrit de débris organiques et d'algues. La femelle porte de nombreux ovules dont le diamètre varie de 0,45 à 0,6 mm.

Distribution

Cette espèce a une large répartition Pacifique, de l'archipel Malais (Philippines, Indonésie), aux Fidji, aux îles Lesser Sunda et à la Polynésie française. En Polynésie, l'espèce a été trouvée avec certitude à Raiatea, tandis que les spécimens capturés à Tahiti, et attribués pour l'instant à cette espèce, diffèrent légèrement.

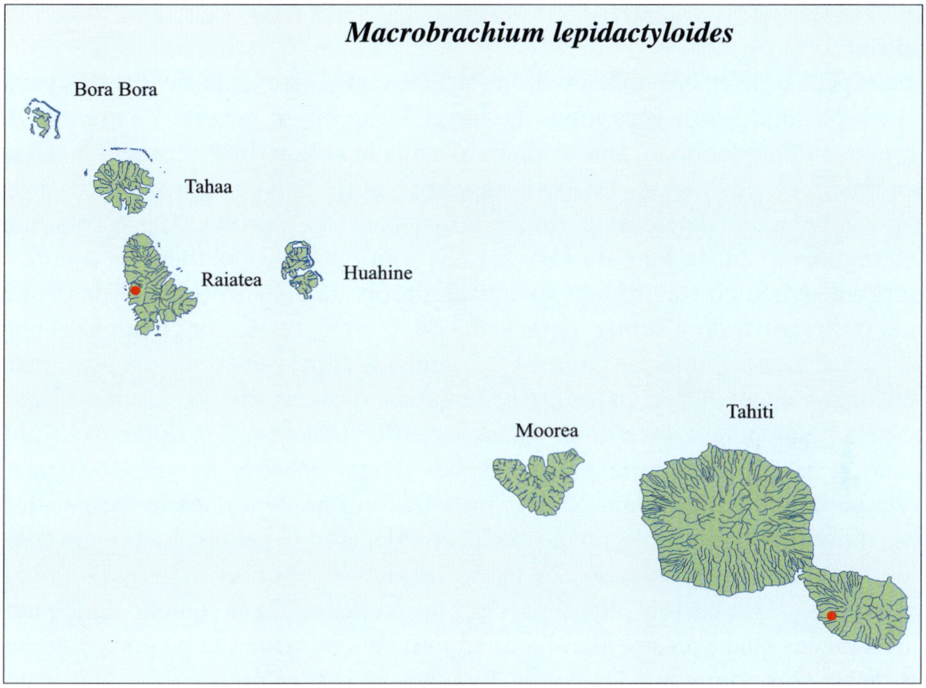
Macrobrachium lepidactyloides
Bora Bora
Tahaa
Raiatea
Huahine
Moorea
Tahiti

E. Vigneux

Macrobrachium feunteuni Keith et Vigneux, 2002
kōuà, vaeaèi (M) ; chevrette de Feunteun (F)

Description

Cette espèce a un rostre presque droit, légèrement convexe au-dessus des yeux. Celui-ci est presque 3 fois plus long que large. Il atteint en général l'extrémité du second segment du pédoncule antennulaire, parfois le milieu du 3e segment, mais ne dépasse jamais ce pédoncule. Le bord supérieur porte 9 à 11 dents, 6 à 7 (6 en général) sont placées derrière la limite postérieure de l'orbite. Ces dents sont réparties régulièrement le long du rostre. Elles sont courtes et petites. La première dent est placée à peu près au milieu du céphalothorax, la distance entre cette dent et la limite postérieure de l'orbite représente 24 à 31% de la longueur totale du céphalothorax. Le bord inférieur porte 1 à 2 dents. L'épine hépatique est plus petite que l'antennaire et est placée en arrière et au dessus d'elle et non sur la même ligne. Les seconds péréiopodes des grands mâles sont très inégaux. Les doigts sont plus courts que la paume. La partie proximale des doigts possède de grandes dents : le dactyle porte 4 à 5 dents dans le tiers proximal et une dent dans le dernier tiers distal. Le doigt fixe possède 2 grandes dents et 5 dents plus petites. La paume et les doigts ont de nombreuses spinules. Le carpe est légèrement plus long que le mérus chez les adultes ; il est parfois plus court chez les jeunes. Chez la femelle ou le jeune mâle, les 2 pinces sont presque identiques en taille et en forme ; la paume de la plus petite patte est plus courte que les doigts. Le mâle est jaune brun à orange sur le dos et les pinces, blanc à hyalin sur le reste du corps. Il possède de petites taches rouges réparties sur le corps, plus denses et organisées en forme de vagues sur le céphalothorax. Les pattes sont plutôt hyalines. La jonction entre chaque article est rougeâtre. La femelle est souvent bleu foncé à noire sur tout le corps. Seule la partie inférieure du céphalothorax et les pattes sont plus claires, jusqu'à tendre vers le vert-bleu. Les femelles sont parfois orange comme les mâles. La taille du corps peu atteindre 3,5 cm.

Biologie

Macrobrachium feunteuni fréquente plutôt la partie haute du cours inférieur des rivières et la partie basse du cours moyen. Elle est parfois très abondante. Elle préfère les zones courantes de type radier avec des contre-courants. Elle semble avoir un régime alimentaire de type opportuniste : elle se nourrit de débris organiques et d'algues.

Distribution

Cette espèce est endémique des îles Marquises. Elle a été trouvée notamment à Nuku Hiva, Hiva Oa, Tahuata, Ua Huka et Ua Pou.

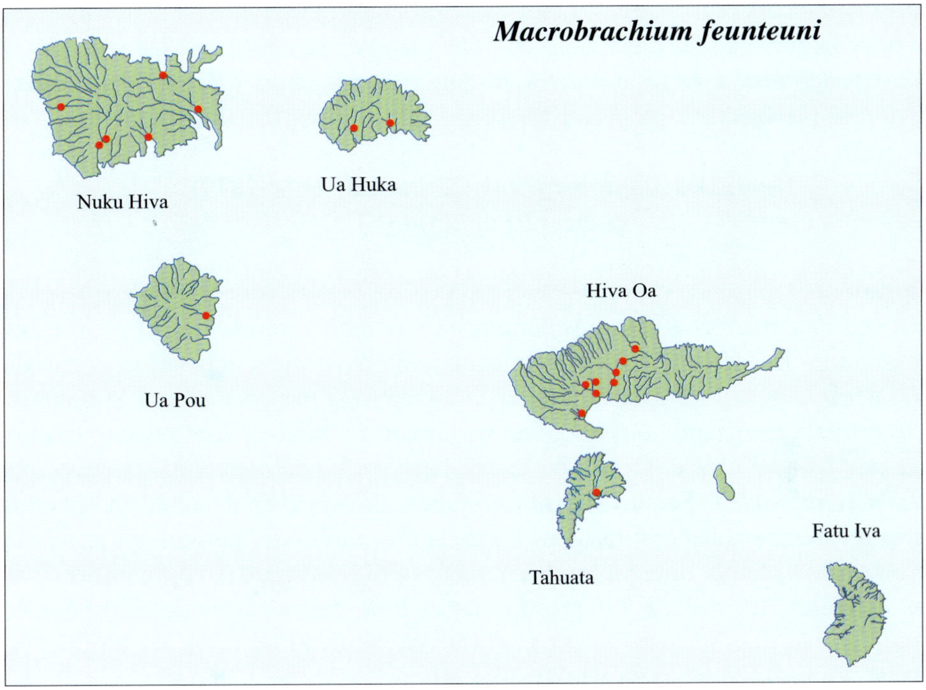
Macrobrachium feunteuni
Nuku Hiva
Ua Huka
Ua Pou
Hiva Oa
Tahuata
Fatu Iva

E. Vigneux

Famille des Grapsidae

C'est une grande famille de crabes généralement marins et littoraux et qui sont, de ce fait, les crabes les plus visibles. Chez ceux-ci, la dernière paire de pattes n'est pas aplatie pour nager mais elle est adaptée pour grimper et courir sur les rochers. Ils peuvent se rencontrer dans les estuaires, les lagunes et le cours inférieur des rivières. Ils vivent entre les rochers ou parmi les débris déposés sur le sable ou la vase.

Geosesarma angustifrons (Milne-Edwards, 1879)
crabe à front étroit (F)

Description

L'espèce est caractérisée par une carapace un peu plus longue que large, presque quadrangulaire. Le front étroit est presque plat avec une échancrure centrale. L'angle interne du bord infra-orbital de la carapace n'est pas proéminent, si bien que la cavité orbitale est grande ouverte. Les pédoncules oculaires sont plus courts que la largeur du front. La face dorsale de la carapace est légèrement convexe avec peu de zones bien marquées. Sa surface est faiblement couverte en avant et sur les côtés de petites touffes de soies courtes. Les bords latéro-antérieurs portent, en arrière de l'angle orbitaire externe, une dent extrêmement petite. Les pattes ambulatoires sont longues et grêles. Le dactyle est presque aussi long que le propode. L’espèce est brun-rouge sur le dos, les pattes sont marbrées de beige et de brun, les pinces sont rose-rouge. La taille moyenne varie de 30 à 40 mm.

Biologie

L’espèce fréquente le cours inférieur des rivières et vit plutôt dans les eaux courantes. On la trouve parmi les cailloux où elle se cache pour échapper aux prédateurs. Elle se nourrit d’algues et de débris organiques. L’éclosion des larves et leur propagation dans le milieu marin se fait de façon synchrone avec le cycle des marées.

Distribution

Ce crabe a une répartition Pacifique. En Polynésie française, il fréquente l’Archipel de la Société.

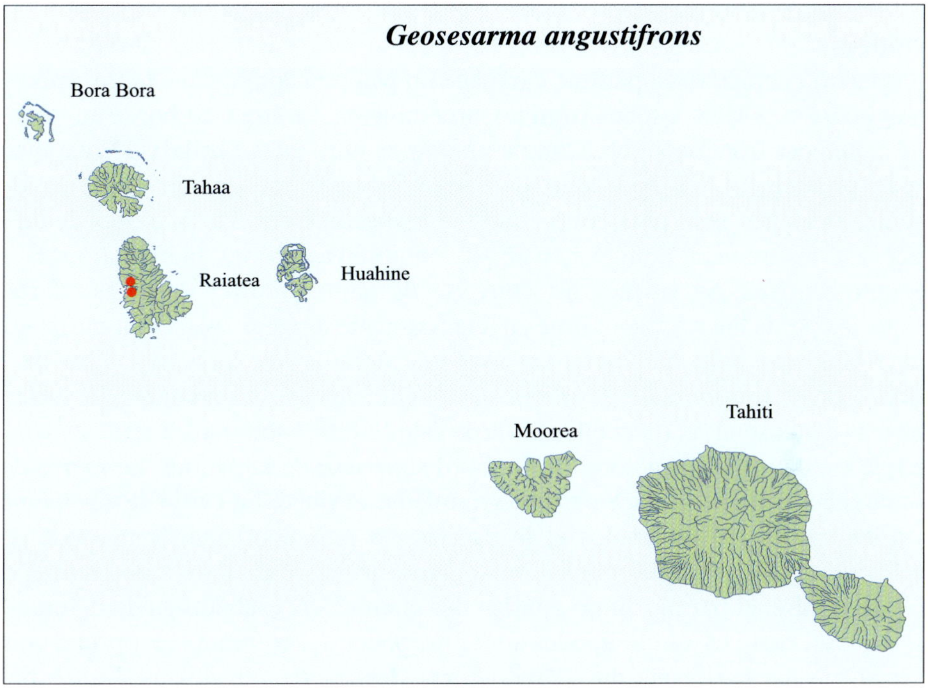
Geosesarma angustifrons
Bora Bora
Tahaa
Raiatea
Huahine
Moorea
Tahiti

E. Vigneux

Labuanium trapezoideum (Milne-Edwards, 1837)
crabe trapèze (F)

Description

L'espèce est caractérisée par une carapace un peu plus longue que large, presque quadrangulaire et portant 4 lobes frontaux proéminents. Le front est bordé au-dessus par une arête post-frontale aiguë. L'angle interne du bord infra-orbital de la carapace n'est pas proéminent, si bien que la cavité orbitale est grande ouverte. Les pédoncules oculaires sont plus courts que la largeur du front. La face dorsale de la carapace est légèrement convexe avec de nombreuses zones bien marquées et légèrement gonflées. Sa surface est couverte de petites touffes de soies courtes, tandis que les bords latéraux sont ornés d'une frange de longues soies. L'angle orbital externe forme une dent qui est suivie par une entaille sur le bord latéral de la carapace. En vue transversale, le mérus des chélipèdes est triangulaire. La surface externe est rugueuse alors que celle du carpe est plissée et son bord interne est aigu. Le dactyle est deux fois plus long que le bord supérieur de la paume. Le mérus des pattes marcheuses a une surface externe granuleuse et ridée. Le carpe de ces mêmes pattes a des crêtes longitudinales et le dactyle est plus court que le propode. Le dimorphisme sexuel se traduit chez le mâle par l'étroitesse de l'abdomen replié, de forme triangulaire, et par la paume gonflée des chélipèdes. L'abdomen de la femelle est large, plutôt carré et les chélipèdes sont plus petits. La coloration est brune voire violacée sur la partie dorsale du céphalothorax. Les pattes ont des marbrures plus claires, blanches à jaunes et les pinces sont violettes dans la partie supérieure et blanches dans la partie inférieure. La taille observée varie de 30 mm à 55 mm.

Biologie

L'espèce fréquente les cours inférieurs et surtout moyens (parfois supérieurs) des rivières et vit dans les eaux courantes. À Raiatea, elle a été rencontrée au niveau d'une cascade à 150 m d'altitude. Les individus étaient répartis sur les parois abruptes de la chute mais hors de l'eau et profitaient de l'eau vaporisée pour maintenir leur humidité. Ils se nourrissent d'algues et de débris organiques.

Distribution

Ce crabe a une large répartition Pacifique allant de l'Indonésie et des Philippines jusqu'à la Polynésie. Il a été parfois signalé à une altitude importante (800 m aux Moluques).

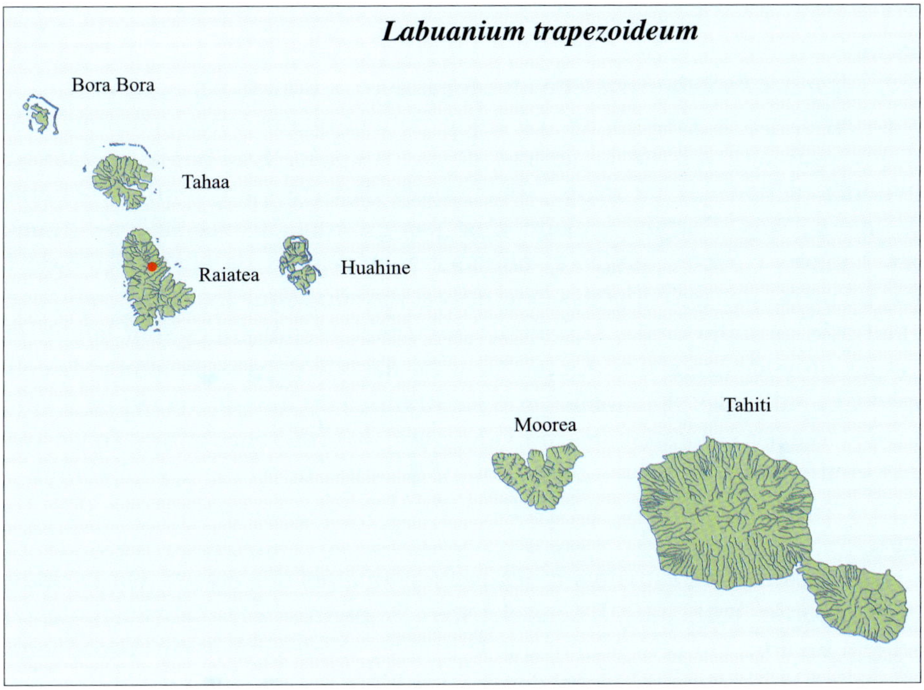
Labuanium trapezoideum
Bora Bora
Tahaa
Raiatea
Huahine
Moorea
Tahiti

E. Vigneux

Metopograpsus thukuhar (Owen, 1839)

Description

Metopograpsus thukuhar possède un céphalothorax dont la partie antérieure est plus large que la partie postérieure. Le front, portant quatre lobes peu prononcés, est presque égal aux 2/3 de la largeur de la carapace. Les bords latéraux du céphalothorax, dépourvus de dents, sont arqués derrière l'angle orbital externe. Le lobe interne sous l'orbite oculaire n'est pas en contact avec le lobe frontal. Plusieurs rainures caractéristiques et obliques sont visibles de chaque côté de la carapace. Le mérus des maxillipèdes externes est plus large que long. Les chélipèdes sont à peu près de taille égale. Les mérus des pattes locomotrices sont larges, les carpes et les propodes sont fins. La longueur du dactyle dépasse la moitié de celle du propode. La taille des spécimens varie de 30 mm à 40 mm de long et de 35 mm à 45 mm de large. La coloration des individus varie du brun foncé au vert foncé avec des petits motifs jaunes et blancs et des pointillés noirs sur tout le céphalothorax.

Biologie

Ce crabe vit dans les estuaires et les eaux saumâtres des étangs. On le trouve plutôt sur les parties rocheuses. Il se cache sous les pierres et les petits cailloux qui lui procurent un abri. On peut néanmoins le trouver sur des zones plus découvertes et sableuses lorsqu'il fréquente les étangs côtiers. L'espèce est omnivore et se nourrit de petits invertébrés, d'algues et de débris organiques qu'il racle sur les rochers grâce aux doigts de la pince qui sont creusés en cuillère.

Distribution

La zone de répartition de *Metopograpsus thukuhar* dans le Pacifique est large, elle contient le Japon, les îles Hawaï, la Polynésie française, l'Australie et Fidji.

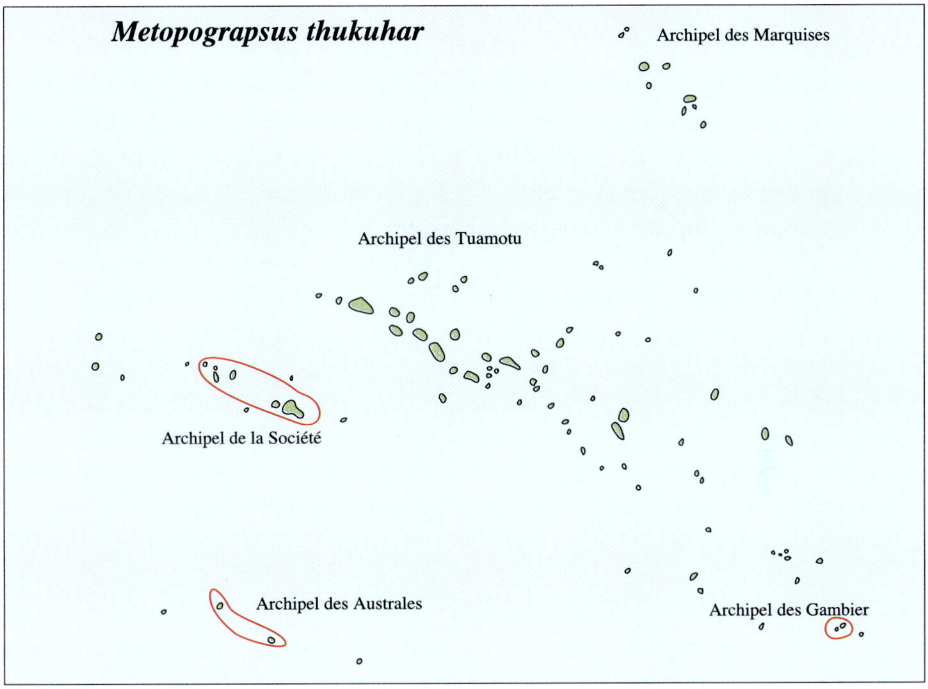
Metopograpsus thukuhar
Archipel des Marquises
Archipel des Tuamotu
Archipel de la Société
Archipel des Australes
Archipel des Gambier

E. Vigneux

Ptychognathus easteranus Rathbun, 1907
tupa (M)

Description

La carapace de cette espèce est distinctement plus large que longue. Les sillons entre les régions gastrique et cardiaque forment une figure en forme de H au milieu du céphalothorax qui est bien visible chez les adultes. Le front est large et ondulé. Les bords antéro-latéraux sont convexes, découpés en trois dents soulignées par des entailles triangulaires, incluant l'angle de l'orbite. La surface du céphalothorax est peu bombée, à régions peu distinctes. Le bord orbitaire inférieur est échancré. Les pattes mâchoires internes sont très larges et dépourvues de crêtes. L'article basal des antennes externes se joint à l'angle orbitaire interne. L'abdomen du mâle se compose de 7 articles ; celui de la femelle est très élargi et le 7e article n'est pas enchâssé dans le 6e comme dans le genre *Sesarma*. Les orbites sont peu profondes mais allongées. Les pattes antérieures du mâle sont fortes, sub-égales et lisses. Les doigts sont terminés par une extrémité creusée en cuillère. Le pouce porte sur son bord tranchant une série régulière de fines denticulations. Les pattes ambulatoires sont longues et grêles. Taille : de 2 à 3 cm.

Biologie

L'espèce vit de préférence sous les cailloux, les souches immergées ou sous les feuilles des eaux stagnantes saumâtres et peu profondes du littoral. On la trouve aussi dans le cours inférieur des rivières et les estuaires, les lagunes, les mares. Elle a un régime alimentaire détritivore.

Distribution

On trouve *Ptychognathus easteranus* aux Australes, aux Marquises et à l'île de Pâques, d'où est tirée son nom d'espèce (*easterana* = Easter Island = île de Pâques).

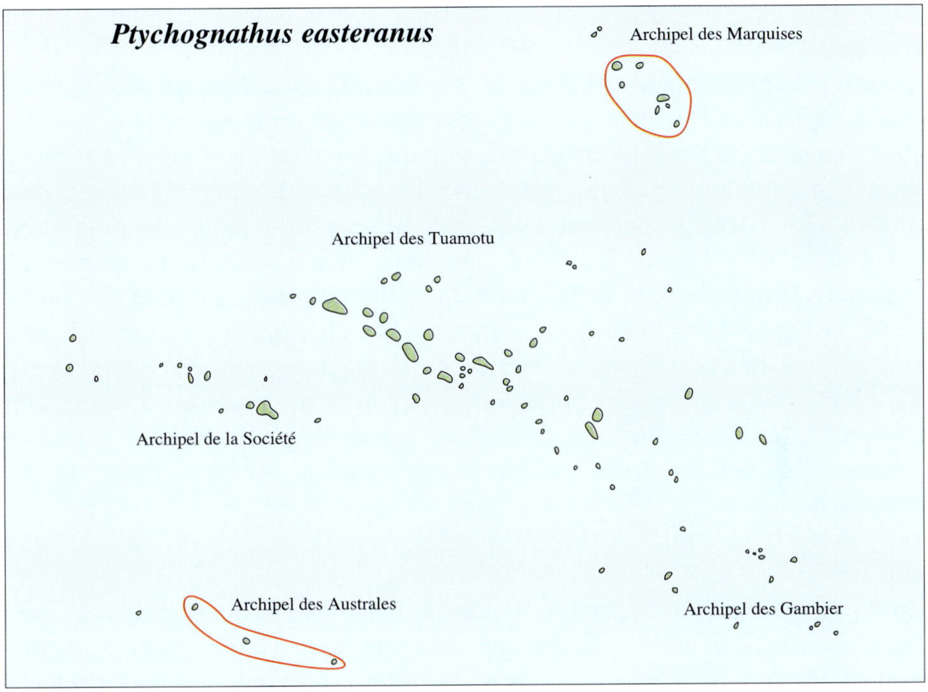
Ptychognathus easteranus
Archipel des Marquises
Archipel des Tuamotu
Archipel de la Société
Archipel des Australes
Archipel des Gambier

E. Vigneux

Varuna litterata (Fabricius, 1798)
crabe lisible (F)

Description

Le corps est aplati dorso-ventralement. La carapace est carrée, un peu plus large que longue, aplatie et finement ponctuée. Sa forme générale est celle d'un crabe. Les sillons entre les régions gastrique et cardiaque forment une figure en forme de H au milieu du céphalothorax bien visible chez les adultes. Le front est étroit et droit. Les bords antéro-latéraux sont convexes, découpés en trois larges dents pointues, incluant l'angle de l'orbite. Un bord anguleux, partant de la troisième dent antéro-latérale, jusqu'à la coxa de la cinquième paire de pattes, délimite une surface plane dans la région branchiale de la carapace. Les chélipèdes sont de taille et de forme identiques. Les maxillipèdes externes ne ferment pas complètement la cavité buccale. Les doigts sont forts et pointus mais légèrement aplatis en cuillère à leur extrémité et dentés sur le bord. Le dactyle des paires de pattes P2 à P5 est équipé d'une frange de soies. Le corps est brun-rouge, parfois verdâtre. Taille : de 50 à 55 mm de large.

Biologie

Varuna litterata se rencontre sur le littoral, dans les estuaires et dans le cours inférieur des rivières, au niveau des berges entre 0 et 50 m d'altitude. Au moment de la reproduction, au tout début de la saison des pluies, les adultes se rassemblent le long des rives, sur le littoral ou dans les estuaires. Après la ponte, les larves sont entraînés vers la mer par les courants. Les jeunes se développent dans les estuaires et les rivières soumises à l'influence de la marée. La colonisation des différents milieux d'eau douce se fait grâce aux courants, surtout pour les jeunes, et en traversant la terre ferme durant la nuit pour les adultes. *V. litterata* est phytophage et se nourrit surtout de diatomées et de divers débris organiques. Il est pêché aux Indes et aux Philippines.

Distribution

Ce crabe se rencontre dans la zone Indo-Pacifique, de l'est des côtes africaines et l'île de la Réunion, jusqu'au Japon, la Nouvelle-Calédonie, la Polynésie française et les îles Fidji.

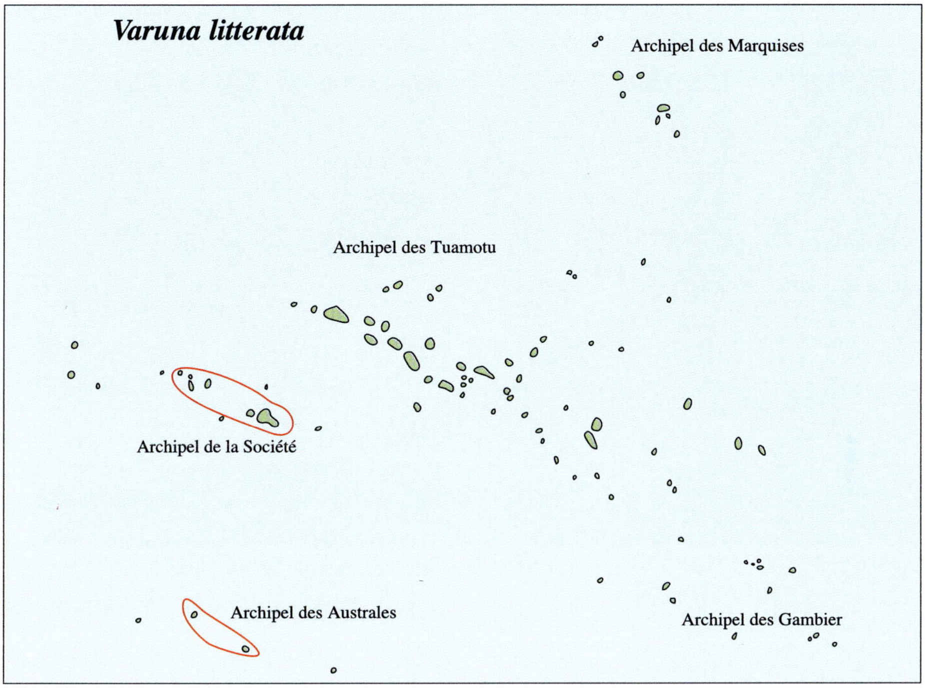
Varuna litterata
Archipel des Marquises
Archipel des Tuamotu
Archipel de la Société
Archipel des Australes
Archipel des Gambier

E. Vigneux

E. Vigneux

Vue de dessous de *Stiphodon elegans* et de la ventouse pelvienne

E. Vigneux

Vue de face de *Sicyopterus rapa* et des encoches sur la lèvre supérieure

Les Poissons

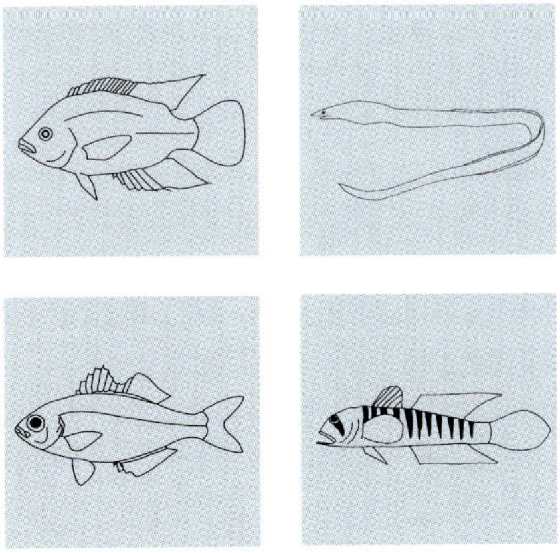

CLÉ DE DÉTERMINATION DES POISSONS D'EAU DOUCE DE POLYNÉSIE FRANÇAISE (ADULTES)

1-a : Poisson très allongé, filiforme. La hauteur du corps est comprise plus de 12 fois dans la longueur totale (Fig. 1a1, 1a2, 1a3) : **2**
1-b : Poisson peu allongé, non filiforme. La hauteur du corps est comprise moins de 10 fois dans la longueur totale : **8**

2-a : Poisson filiforme avec les nageoires dorsale, caudale et anale soudées et continues (Fig. 1a1) : **3**
2-b : Poisson filiforme avec les nageoires dorsale, caudale et anale non soudées (Fig. 1a2) ou avec la nageoire caudale absente (Fig. 1a3) : **5**

3-a : Nageoire dorsale courte et commençant légèrement en avant de l'anus (Fig. 3a) : .... ***Anguilla obscura***
3-b : Nageoire dorsale longue et commençant très en avant de l'anus (Fig. 3b) : **4**

4-a : Distance entre l'origine de la dorsale et de l'anus supérieure à 13% de la longueur totale (Fig. 4a). Présence d'un sillon longitudinal sans dents au niveau des dents maxillaires de la mâchoire supérieure : .... ***Anguilla marmorata***
4-b : Distance entre l'origine de la dorsale et de l'anus inférieure à 13% de la longueur totale (Fig. 4b). Absence d'un sillon longitudinal sans dents au niveau des dents maxillaires de la mâchoire supérieure : .... ***Anguilla megastoma***

5-a : Poisson lisse, cylindrique, sans anneaux osseux. Museau pointu. Nageoire caudale absente (Fig. 1a3) : **6**
5-b : Poisson constitué d'anneaux osseux. Museau en forme de tube. Nageoire caudale présente (Fig. 1a2) : **7**

6-a : La distance des fentes branchiales à l'origine de la dorsale représente moins de 50% de la longueur de la tête (Fig. 6a) : .... ***Lamnostoma orientalis***
6-b : La distance des fentes branchiales à l'origine de la dorsale représente plus de 55% de la longueur de la tête (Fig. 6b) : .... ***Lamnostoma polyophthalma***

7-a : Museau long et mince (Fig. 7a1). L'opercule possède des crêtes supplémentaires en dessous de la crête longitudinale, complète et distincte (Fig. 7a2). 20 à 22 anneaux sur le tronc : .... ***Microphis brachyurus brachyurus***
7-b : Museau court et trapu (Fig. 7b1). L'opercule ne possède pas de crête longitudinale complète et distincte (Fig. 7b2). 16 à 17 anneaux sur le tronc : .... ***Microphis argulus***

8-a : Une seule nageoire dorsale, parfois divisée en deux parties distinctes mais jointes (Fig. 8a1 et 8a2) : **9**

Poissons

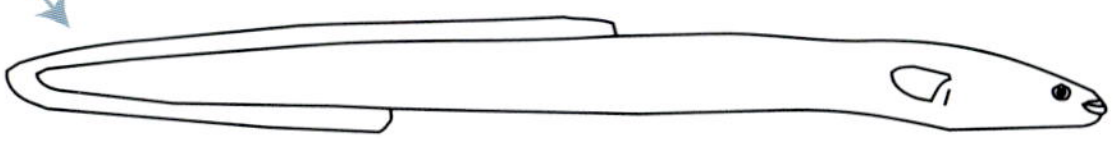

Fig. 1a1

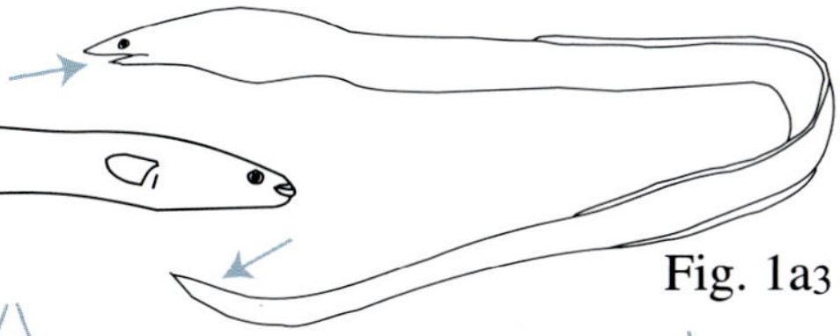

Fig. 1a3

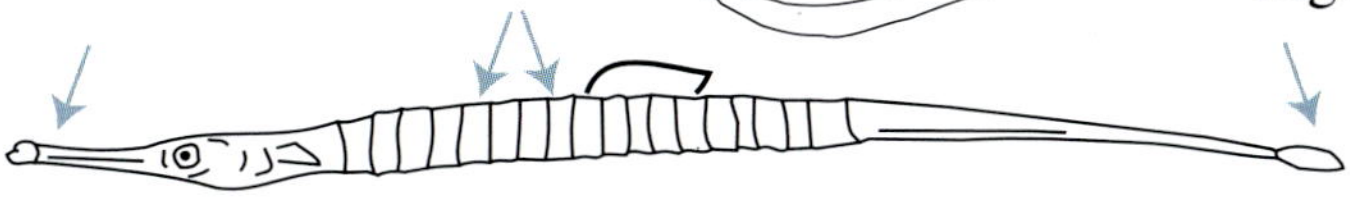

Fig. 1a2

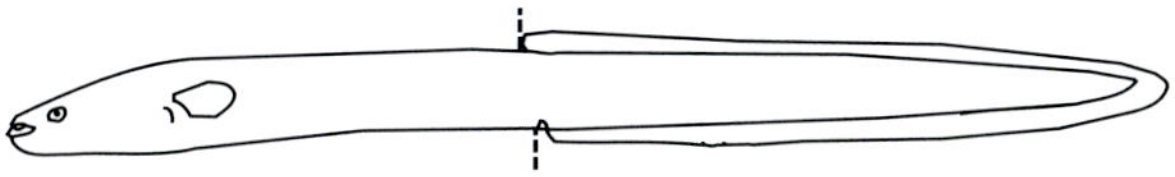

Fig. 3a

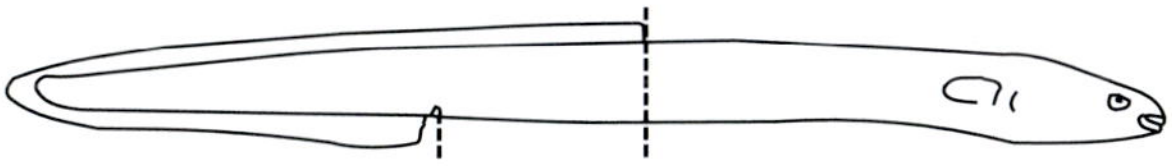

Fig. 3b

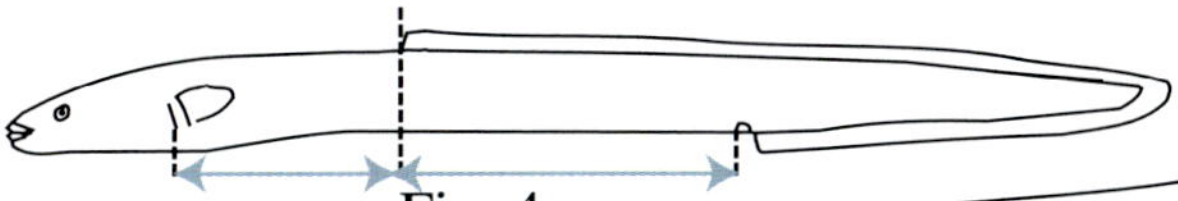

Fig. 4a

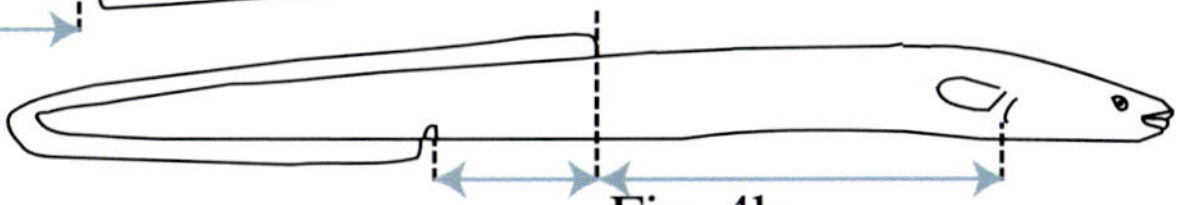

Fig. 4b

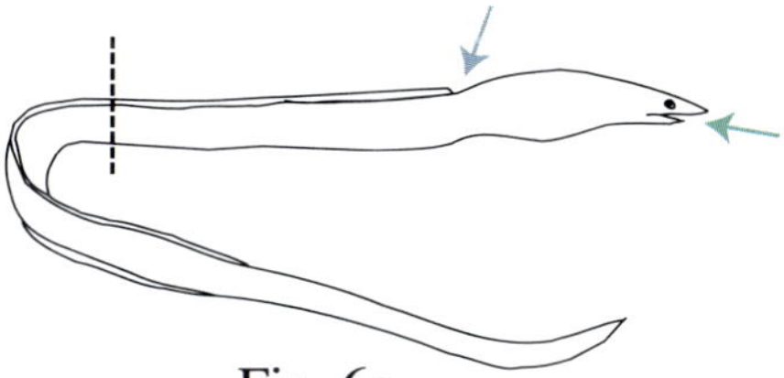

Fig. 6a

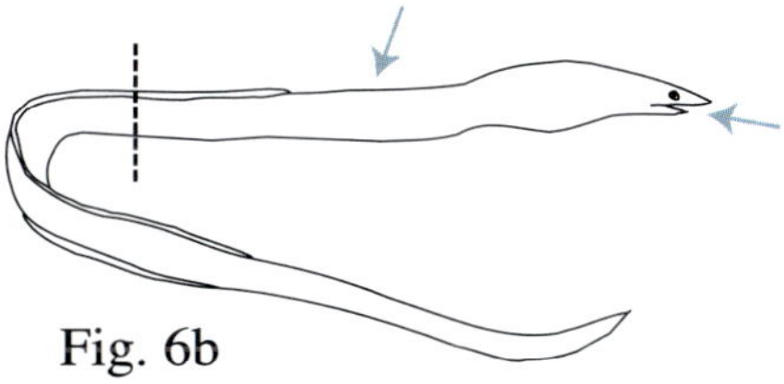

Fig. 6b

Fig. 7a1

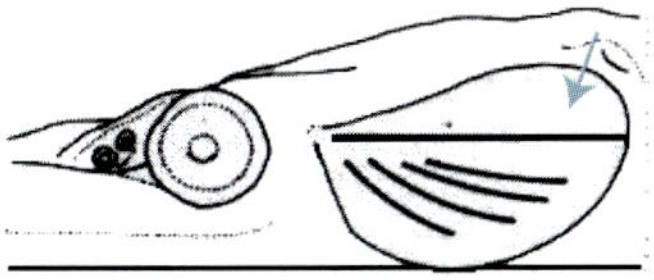

Fig. 7a2

Fig. 7b1

Fig. 7b2

8-b : Deux nageoires dorsales séparées (Fig. 8b1 et 8b2) : **13**

9-a : Nageoires dorsale et anale sans rayons épineux (Fig. 8a1) : **10**
9-b : Nageoires dorsale et anale avec des rayons épineux (Fig. 8a2) : **11**

10-a : Nageoire dorsale courte de 7 à 8 rayons (Fig. 10a) : .... ***Poecilia reticulata***
10-b : Nageoire dorsale longue de 8 à 11 rayons (Fig. 10b) : .... ***Poecilia sphenops***

11-a : 15 à 16 rayons épineux sur la nageoire dorsale. Ligne latérale discontinue (Fig. 11a) : .... ***Oreochromis mossambicus***
11-b : 10 rayons épineux sur la nageoire dorsale. Ligne latérale continue (Fig. 11b) : **12**

12-a : 48 à 53 écailles en ligne latérale. Nageoire caudale avec une bande noire médiane et deux bandes noires obliques sur chaque lobe (Fig. 12a) : .... ***Kuhlia mugil***
12-b : 40 à 45 écailles en ligne latérale. Nageoire caudale avec un bord noir (Fig. 12b) : .... ***Kuhlia marginata***

13-a : La distance entre les deux nageoires dorsales est supérieure ou égale à la longueur de la base de la première dorsale (Fig. 13a) : **14**
13-b : La distance entre les deux nageoires dorsales est inférieure à la longueur de la base de la première dorsale (Fig. 13b) : **19**

14-a : Présence de papilles sur les lèvres (Fig. 14a) : .... ***Crenimugil crenilabis***
14-b : Absence de papilles sur les lèvres (Fig. 14b) : **15**

15-a : Présence d'une écaille axillaire bien développée au niveau des nageoires pectorales (Fig. 15a). 32 à 43 écailles en série longitudinale : **16**
15-b : Pas d'écaille axillaire ou écaille axillaire rudimentaire au niveau des nageoires pectorales. 24 à 31 ou 42 à 45 écailles en série longitudinale : **17**

16-a : Paupière adipeuse bien développée au niveau des yeux (Fig. 16a). 37 à 43 écailles en série longitudinale : .... ***Mugil cephalus***
16-b : Paupière adipeuse peu développée au niveau des yeux (Fig. 16b). 32 à 36 écailles en série longitudinale : .... ***Valamugil engeli***

17-a : 42 à 45 écailles dans une série longitudinale et 13 en série transversale : .... ***Neomyxus leuciscus***
17-b : Moins de 32 écailles dans une série longitudinale et 8 à 11 en série transversale : **18**

18-a : 29 à 31 écailles en série longitudinale et 11 en série transversale. Caudale grisâtre et fourchue : .... ***Liza alata***

Poissons

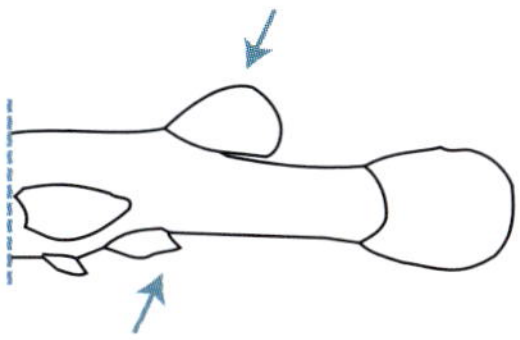

Fig. 8a1

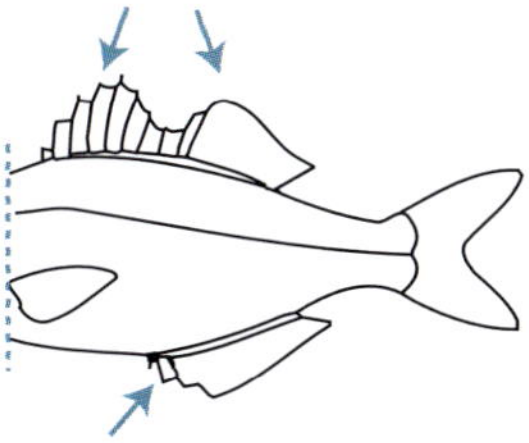

Fig. 8a2

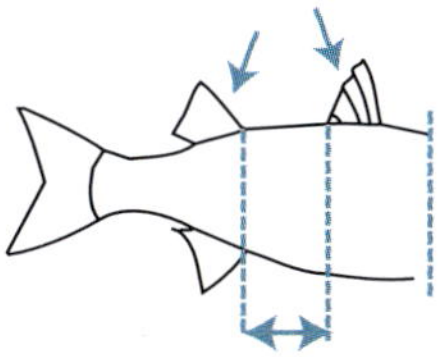

Fig. 8b1

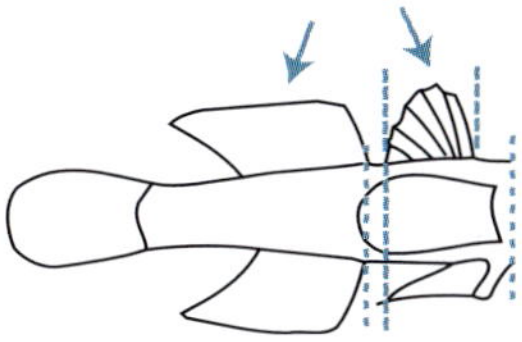

Fig. 8b2

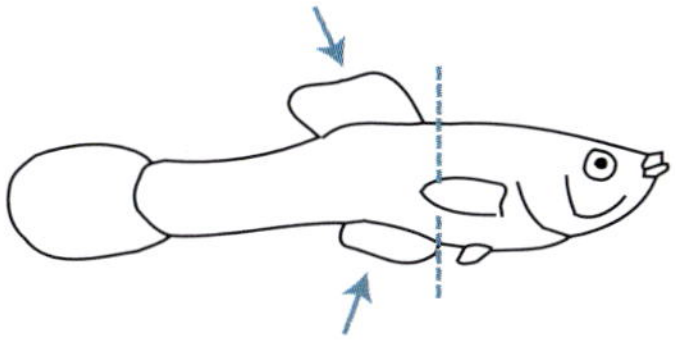

Fig. 10a

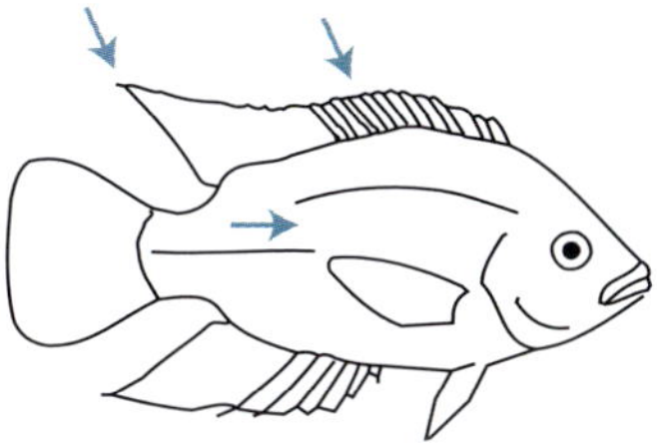

Fig. 11a

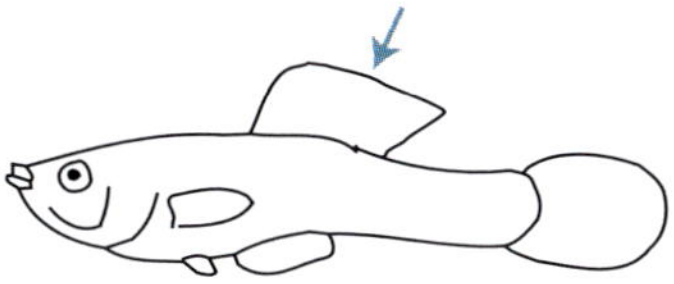

Fig. 10b

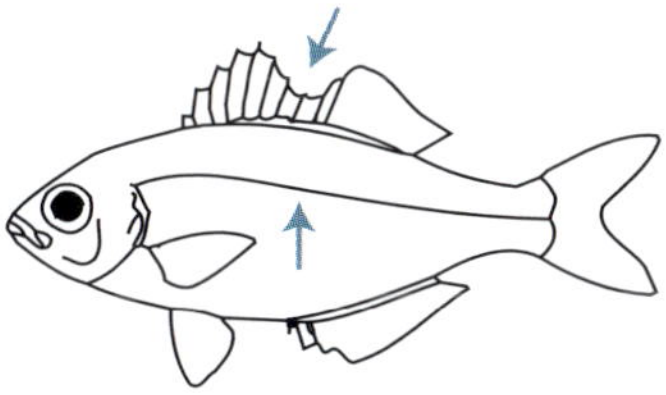

Fig. 11b

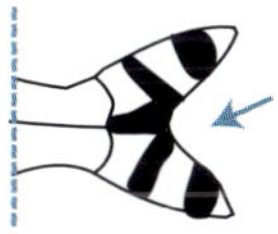

Fig. 12a

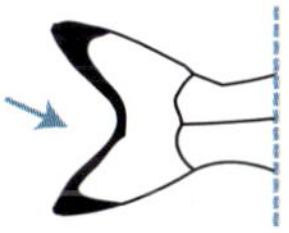

Fig. 12b

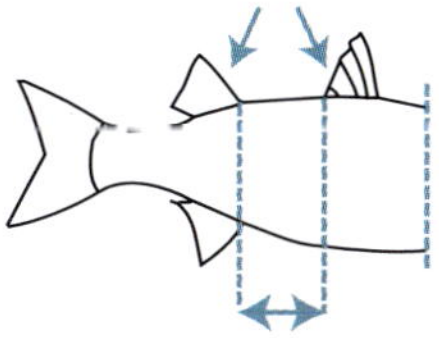

Fig. 13a

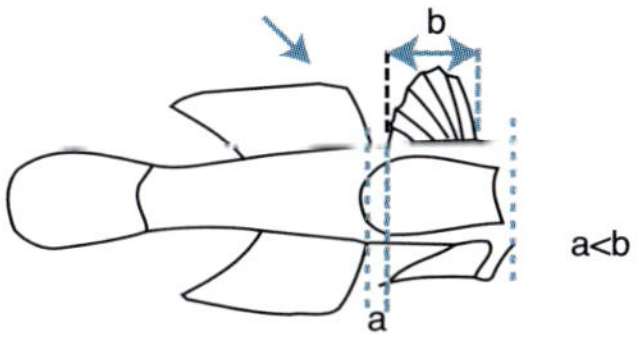

Fig. 13b

18-b : 24 à 26 écailles en série longitudinale et 8 en série transversale. Caudale jaune et peu fourchue : .... ***Liza vaigiensis***

19-a : Nageoires pelviennes libres (Fig. 19a) : .... ***Eleotris fusca***
19-b : Nageoires pelviennes soudées formant une sorte de ventouse (Fig. 19b1 et 19b2) : **20**

20-a : Nageoires pelviennes en forme de disque plus ou moins soudé à l'abdomen sur toute sa base (Sycidiinae) (Fig. 19b1) : **21**
20-b : Nageoires pelviennes rattachées au corps seulement dans la partie antérieure (Gobiinae) (Fig. 19b2) : **29**

21-a : Museau et tête très arrondis (Fig. 21a) : **22**
21-b : Museau faiblement arrondi voire pointu, tête déprimée (Fig. 21b) : **28**

22-a : Longueur de l'attache du disque sur l'abdomen supérieure à la moitié de sa longueur (Fig. 22a) : **23**
22-b : Longueur de l'attache du disque sur l'abdomen égale à la moitié de sa longueur : **26**

23-a : Trois encoches sur le bord de la lèvre supérieure (Fig. 23a) : **24**
23-b : Absence d'encoches sur le bord de la lèvre supérieure (Fig. 23b) : .... ***Sicyopterus pugnans***
24-a : Ecailles de la partie antérieure du corps plus petites que celles des flancs (Fig. 24a) ; 66 à 70 écailles en série longitudinale. Endémique des îles Marquises : .... ***Sicyopterus marquesensis***
24-b : Ecailles de la partie antérieure du corps plus grandes que celles des flancs ; 44 à 62 écailles en série longitudinale : **25**

25-a : Ventre écailleux. 48 à 54 écailles en série longitudinale. Caudale rougeâtre chez les males : .... ***Sicyopterus lagocephalus***
25-b : Ventre non écailleux ou partiellement écailleux. 44 à 62 écailles en série longitudinale. Caudale brune hyaline chez les males. Endémique de Rapa : .... ***Sicyopterus rapa***

26-a : Dents tricuspides à la mâchoire supérieure le plus souvent de 39 à 44. Endémique des îles Marquises : .... ***Stiphodon tuivi***
26-b : Dents tricuspides à la mâchoire supérieure le plus souvent de 27 à 37 : **27**

27-a : Dents tricuspides à la mâchoire supérieure le plus souvent de 27 à 33 : .... ***Stiphodon elegans***
27-b : Dents tricuspides à la mâchoire supérieure le plus souvent de 32 à 33. Endémique des îles Australes : .... ***Stiphodon discotorquatus***

Poissons

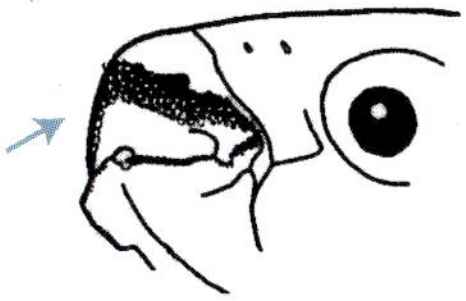

Fig. 14a

Fig. 14b

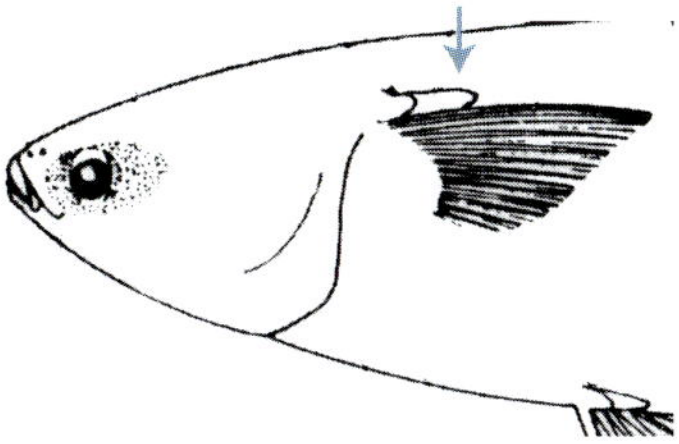

Fig. 15a

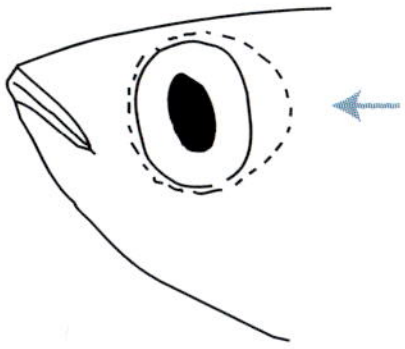

Fig.16a

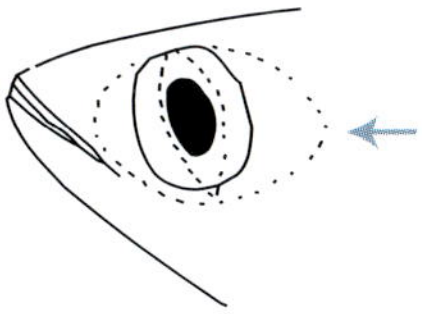

Fig. 16b

Fig. 19a

Fig. 19b1

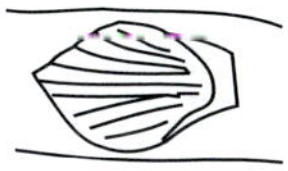

Fig. 19b2

vues ventrales

Fig. 21a

Fig. 21b

vue latérale de la ventouse

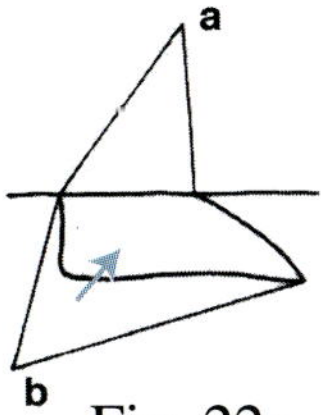

a >1/2b

Fig. 22a

27-c : Dents tricuspides à la mâchoire supérieure le plus souvent de 35 à 37. Endémique de Rapa : .... ***Stiphodon julieni***

28-a : Dents des deux mâchoires non identiques (Fig. 28a1) ; écailles sur la partie postérieure du corps (Fig. 28a2). Nez rouge et une bande rouge sur les flancs chez les mâles. Endémiques des îles Marquises : .... ***Lentipes rubrofasciatus***
28-b : Dents des deux mâchoires identiques ; écailles sur tout le corps (Fig. 28b). Pas de nez rouge ni de bande rouge sur les flancs. Endémiques des îles Marquises : .... ***Sicyopus bitaeniatus***

29-a : Une tache noire verticale sous l'œil (Fig. 29a). Lèvres épaisses. Nageoire caudale lancéolée : **30**
29-b : Pas de tache verticale noire sous l'œil (Fig. 29b). Lèvres peu épaisses. Nageoire caudale arrondie : .... ***Awaous ocellaris***

30-a : Espèce présente aux îles Marquises : **31**
30-b : Espèce présente aux îles de la Société (Endémique) : .... ***Stenogobius genivittatus***
30-c : Espèce présente aux îles Australes (Endémique) : .... ***Stenogobius randalli***

31-a : Espèce présente à Hiva Oa (Endémique) : .... ***Stenogobius marqueti***
31-b : Espèce Ua Pou (Endémique) : .... ***Stenogobius squamosus***
31-c : Espèce présente à Nuku-Hiva (Endémique) : .... ***Stenogobius caudimaculosus***
31-d : Espèce présente à Ua Huka (Endémique) : .... ***Stenogobius cf caudimaculosus***

E. Vigneux

juvénile d'*Eleotris fusca*

Poissons

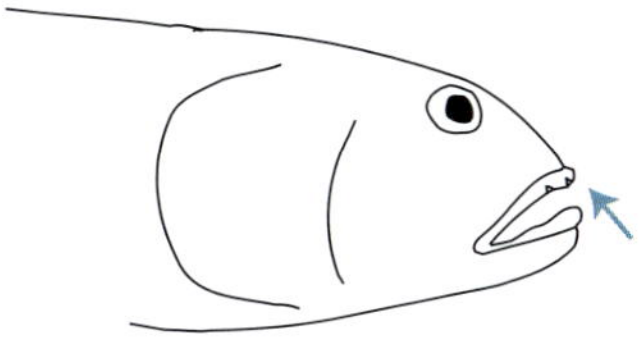

Fig. 23a

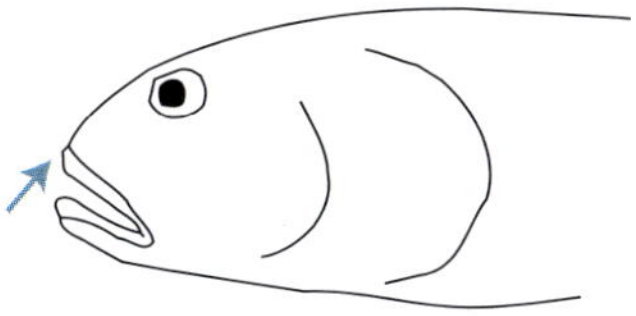

Fig. 23b

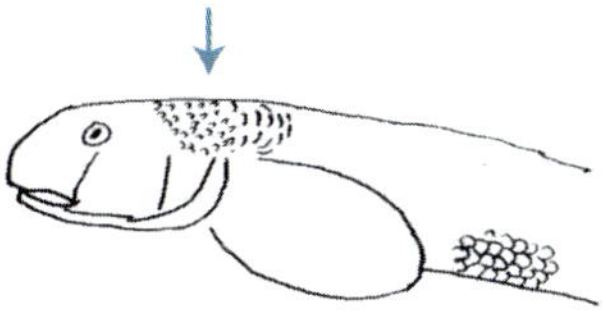

Fig. 24a

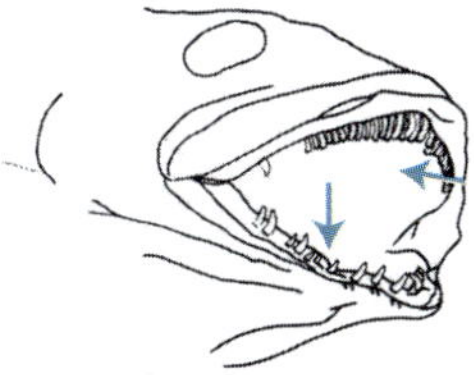

Fig. 28a1

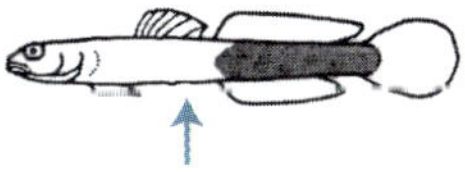

Fig. 28a2

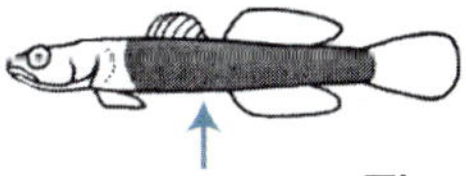

Fig. 28b

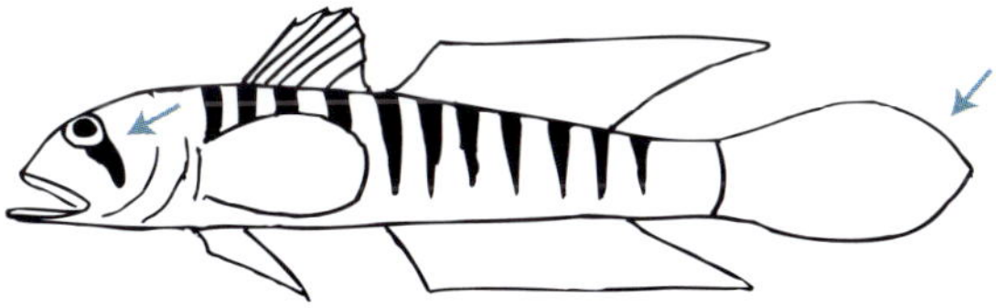

Fig. 29a

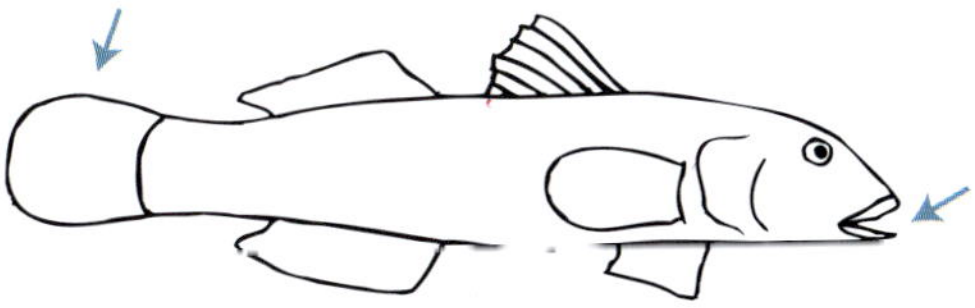

Fig. 29b

ORDRE DES ANGUILLIFORMES

Les Anguilliformes sont des poissons au corps très allongé dont la ceinture et les nageoires pelviennes sont absentes. Leurs nageoires dorsale, caudale et anale sont soudées formant une nageoire unique. Les nageoires pectorales et ou caudale sont parfois absentes. Les écailles sont en général absentes ou de type cycloïde. Certaines espèces sont pélagiques, d'autres creusent le substrat meuble. Cet ordre regroupe 5 familles avec 141 genres et 738 espèces dans le monde.

Famille des Anguillidae

Les Anguillidae ont des nageoires pectorales bien développées, une ligne latérale complète et de petites écailles cycloïdes. La mâchoire inférieure est plus longue que la supérieure. Les espèces sont réparties en deux groupes distincts : le groupe Atlantique et le groupe Indo-Pacifique. Il n'existe qu'un seul genre avec 15 espèces dans le monde.

Anguilla marmorata Quoy & Gaimard, 1824
puhi poa, puhi pa'a, tuna (S, A) ; kuee, kaee hinu (M) ; anguille marbrée (F)

Description

Cette anguille a un corps allongé et serpentiforme. Elle fait partie du groupe d'anguilles à nageoire dorsale longue dont l'origine est située très en avant de l'anus. La distance entre l'origine de la nageoire dorsale et l'anus est comprise entre 13 et 19% de la longueur totale. Le nombre total de vertèbres est de 103 à 109. Les deux bandes maxillaires de la mâchoire supérieure présentent un sillon longitudinal dépourvu de dents. Chez l'adulte, le dos est marbré de brun-noir sur un fond gris-jaune ; cette pigmentation peut toutefois s'estomper. Le ventre est blanc. Chez les anguillettes, de couleur grisâtre à orange, les marbrures sont peu visibles. Au stade de la migration vers la mer, les femelles sont plus grandes que les mâles, atteignant souvent 1,50 m de long pour un poids de 3,5 à 9 kg. Les mâles ne mesurent que 40 à 70 cm de long.

Biologie

Cette espèce est en général dominante dans les rivières, de l'embouchure jusqu'aux premières cascades. Elle se nourrit la nuit. Les jeunes anguilles se nourrissent de larves de chevrettes (*Macrobrachium*) et d'alevins de poissons. Devenues plus grosses, leur régime alimentaire se diversifie : outre les chevrettes qui restent leurs proies préférentielles, elles se nourrissent aussi d'annélides, de mollusques, d'insectes et de poissons. C'est une espèce catadrome. L'aire de ponte est encore hypothétique, située suivant les auteurs entre Fidji et Samoa ou à l'est de Tahiti. Amenées par les courants, les larves leptocéphales apparaissent au niveau des côtes au bout de six mois. À l'approche des îles, elles se métamorphosent en civelles qui colonisent les embouchures. Les civelles ont une tache caudale peu développée alors que la ligne médio-latérale est riche en mélanophores. L'arrivée des civelles dans les embouchures des rivières se produit entre octobre et avril avec un pic en janvier-février. Celles-ci mesurent de 47 à 57 mm avec un poids de 100 à 241 mg respectivement. Ces anguilles sont pêchées à tous les stades. Les techniques les plus utilisées consistent, après avoir repéré les anguilles dans les anfractuosités, soit à les tirer au fusil tahitien, soit à les crocheter avec un hameçon de forte taille temporairement solidaire d'un morceau de bois relié à un fil de nylon.

Distribution

Présente dans toute la zone Indo-Pacifique, on la trouve aussi bien en Afrique, en Inde et au Japon que dans la majorité des îles du Pacifique sud. En Polynésie française, elle est abondante dans la plupart des rivières.

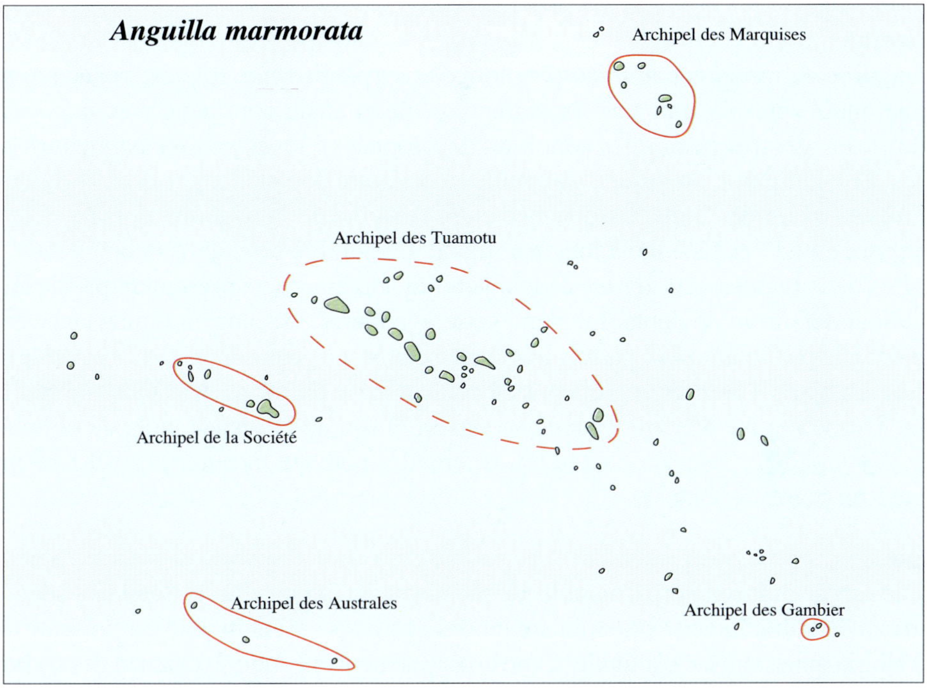

E. Vigneux

anguillette

Anguilla megastoma Kaup, 1856
puhi maua, rere 'ie'ie (S, A) ; anguille de montagne (F)

Description

L'anguille de montagne a un corps allongé et serpentiforme. Elle est beaucoup plus filiforme que *A. marmorata.* Les nageoires dorsale et anale confluent avec la nageoire caudale ; les nageoires pectorales sont bien développées ; les nageoires pelviennes sont absentes. Elle fait partie du groupe d'anguilles à nageoire dorsale longue dont l'origine est située très en avant de l'anus. La distance entre l'origine de la nageoire dorsale et l'anus est comprise entre 7 et 13% de la longueur totale. Le nombre total de vertèbres est de 110 à 116. Les deux bandes maxillaires de la mâchoire supérieure ne présentent pas de sillon longitudinal dépourvu de dents. La peau, grise à jaunâtre, est plus ou moins tachetée de brun-noir ; elle peut même être parfois uniformément brun-rouge sur les flancs et sur le dos. Le ventre est blanc. Chez les anguillettes de couleur grise uniforme, les taches ne sont pas visibles. L'espèce a été dénommée *megastoma* en raison de la grande taille de sa bouche (de *mega* = grande et *stoma* = bouche). Les femelles peuvent mesurer jusqu'à 1,65 m de long pour un poids de 9 kg.

Biologie

Cette espèce doit son nom d'anguille de montagne au fait qu'elle est dominante dans les cours d'eau de faible largeur situés en amont des cascades. À Tahiti, elle est présente dans le lac Vaihiria qui est un lac d'altitude. Cette espèce se nourrit la nuit. L'examen des contenus stomacaux montre que les chevrettes restent ses proies préférentielles, comme pour *A. marmorata.* Les annélides, les mollusques et les gobies complètent son régime alimentaire. C'est une espèce catadrome. Toutes les espèces d'anguilles prêtes à migrer en mer subissent une transformation progressive de leur organisme. Le dos et les flancs deviennent sombres, avec disparition des taches éventuelles, le ventre devient blanc argenté, la tête s'amincit et on observe un accroissement du diamètre des yeux. Les nageoires pectorales s'allongent et les glandes génitales se développent. De "jaunes" ces anguilles sont devenues des anguilles dites "argentées". Le développement important des nageoires pectorales de cette espèce est probablement à l'origine de la légende des anguilles à oreilles (puhi tari'a) du lac Vaihiria. L'aire de ponte est encore hypothétique, située suivant les auteurs entre Fidji et Samoa ou à l'est de Tahiti. Amenées par les courants, les larves leptocéphales apparaissent au niveau des côtes au bout de six mois. A l'approche des îles, elles se métamorphosent en civelles qui colonisent les embouchures. Les civelles d'*A. megastoma* ont une tache caudale plus développée que celles d'*A. marmorata* et la ligne médio-latérale est pauvre en mélanophores. L'arrivée des civelles dans les embouchures des rivières se produit entre octobre et avril avec un pic en janvier-février. Celles-ci mesurent de 47 à 55 mm de long avec un poids de 103 à 139 mg respectivement. Cette espèce d'anguille est peu pêchée.

Distribution

Cette espèce a une répartition Pacifique s'étendant des îles Salomon jusqu'à Pitcairn. En Polynésie française, elle est présente dans les archipels des Australes, des Gambier et de la Société.

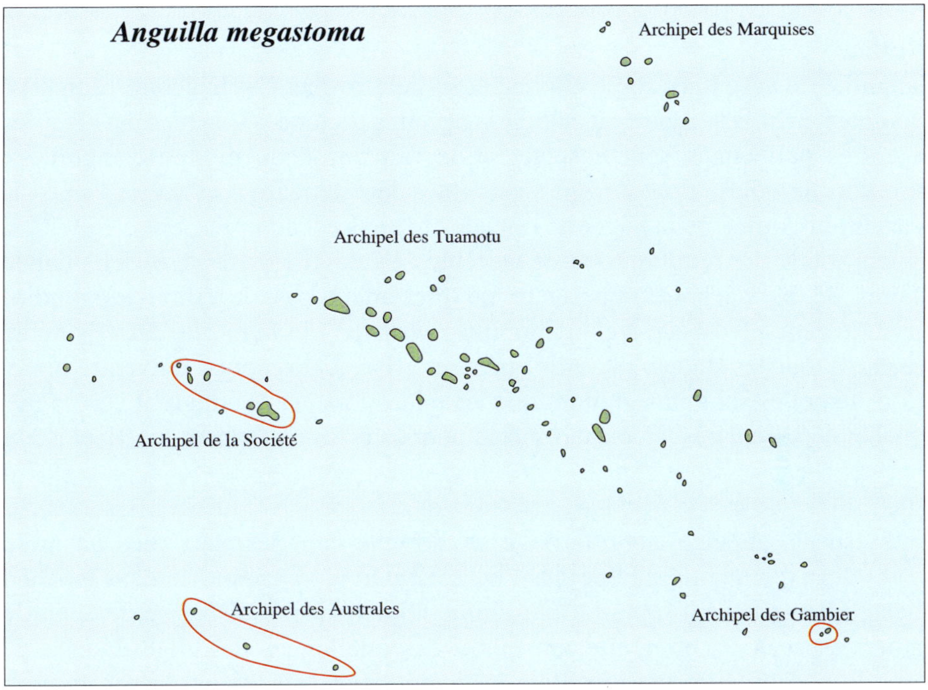
Anguilla megastoma
Archipel des Marquises
Archipel des Tuamotu
Archipel de la Société
Archipel des Australes
Archipel des Gambier

E. Vigneux

Anguilla obscura Günther, 1872

puhi vari, ta'a repo (S, A) ; anguille de vase, anguille sombre (F)

Description

L'anguille de vase a un corps allongé et serpentiforme. Les nageoires dorsale et anale confluent avec la nageoire caudale ; les nageoires pectorales sont bien développées ; les nageoires pelviennes sont absentes. Elle fait partie du groupe d'anguilles à nageoire dorsale courte dont l'origine est située légèrement en avant de l'anus. La distance entre l'origine de la nageoire dorsale et l'anus est comprise entre 1 et 7% de la longueur totale. Le nombre total de vertèbres est de 101 à 107. Les deux bandes maxillaires de la mâchoire supérieure ne présentent pas de sillon longitudinal dépourvu de dents. L'espèce a été dénommée *obscura* (du latin *obscura* = sombre) car la peau, à tous les stades, est uniformément grise, à l'exception du ventre qui est blanc. Les femelles sont plus grandes que les mâles lorsqu'elles migrent vers la mer. Ces femelles dépassent très rarement le mètre, pour un poids légèrement supérieur à 2 kg.

Biologie

Cette espèce, appelée anguille de vase, domine dans les eaux plus ou moins stagnantes de la plaine littorale (pointe Vénus à Tahiti par exemple) et dans les fonds de vallées. Elle se nourrit la nuit. Son régime alimentaire se distingue de celui des deux autres espèces. En effet, elle consomme essentiellement des mollusques et des insectes. Ce régime alimentaire reflète la composition spécifique de son biotope. C'est une espèce catadrome. L'aire de ponte est encore hypothétique, située suivant les auteurs entre Fidji et Samoa ou à l'est de Tahiti. Amenées par les courants, les larves leptocéphales apparaissent au niveau des côtes au bout de six mois. À l'approche des îles, elles se métamorphosent en civelles qui colonisent les embouchures. Les civelles ont une tache caudale très développée alors que la ligne médio-latérale est pauvre en mélanophores. L'arrivée des civelles dans les embouchures des rivières se produit entre octobre et avril avec un pic en janvier-février. Celles-ci mesurent de 45 à 55 mm avec un poids de 76 à 163 mg respectivement. Du fait qu'elle vit dans des milieux vaseux, *A. obscura* n'est pas pêchée.

Distribution

Cette espèce a une répartition Pacifique s'étendant de l'Australie, la Nouvelle-Calédonie et de la Nouvelle-Guinée jusqu'en Polynésie française. Dans cette dernière, elle est présente dans les archipels des Australes, des Gambier, des Tuamotu et de la Société.

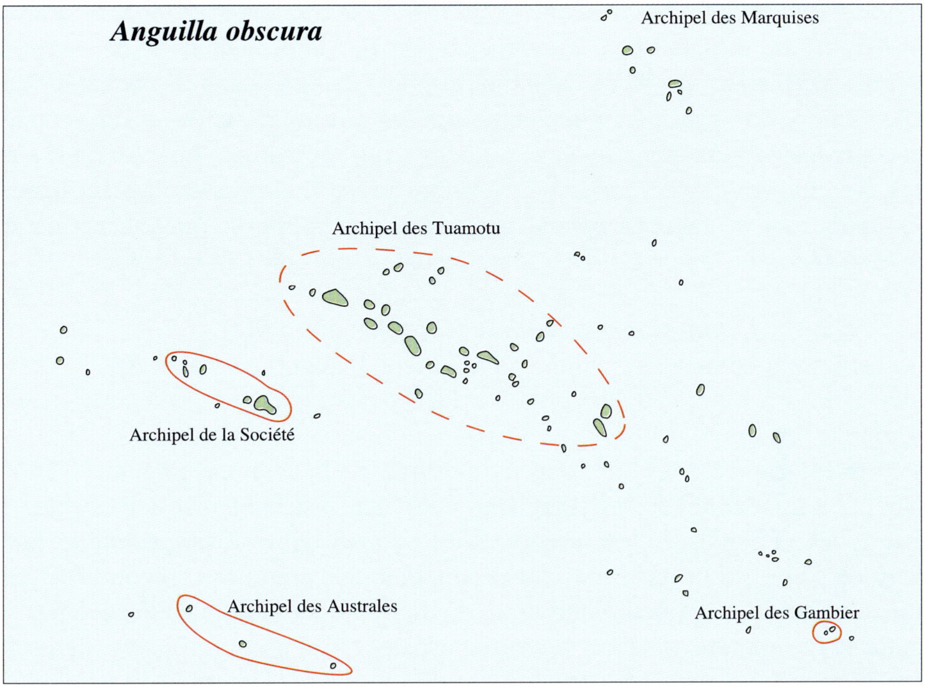
Anguilla obscura
Archipel des Marquises
Archipel des Tuamotu
Archipel de la Société
Archipel des Australes
Archipel des Gambier

E. Vigneux

Famille des Ophichthidae

Les "anguilles - serpents" ont un corps allongé et serpentiforme. Elles possèdent de nombreux rayons branchiostèges (15 à 49 paires) se rejoignant le long de la ligne médio-ventrale en formant une sorte de panier (le jugostegalia) et des narines postérieures traversant la lèvre supérieure pour aboutir dans la bouche. Les "anguilles - serpents" sont généralement associées aux fonds sableux marins mais quelques espèces fréquentent les eaux douces ou saumâtres. Les écailles sont absentes. Les nageoires pectorales peuvent être présentes ou absentes. La queue, rigide et dépourvue de nageoire caudale, se termine en pointe, ce qui leur permet de creuser les sédiments. On compte 44 genres incluant plus de 175 espèces.

Lamnostoma orientalis (Mc Clelland, 1844)
atii, puhi houone (S) ; lamnostome oriental, anguille serpent (F)

Description

Le corps est trapu et plus ou moins cylindrique. Sa hauteur est contenue 31 à 42 fois dans sa longueur totale. La longueur de la tête est contenue 8 fois dans la longueur totale. Le museau est pointu et la bouche dépasse largement le bord postérieur de l'œil. Les dents vomériennes sont élargies, pointues et recourbées. Les ouvertures branchiales forment ventralement une fente longitudinale bordée par un repli cutané. Le nombre total de vertèbres est de 136 à 141. La queue rigide se termine en pointe. La distance des fentes branchiales à l'origine de la dorsale représente moins de 50% de la longueur de la tête. Les nageoires pectorales sont absentes. Le corps est gris foncé à brun sombre sur le dos et au dessus de la ligne latérale, plus clair en dessous. La tête et la ligne latérale présentent des pores et une série de taches de couleur blanchâtre. Cette espèce peut atteindre 36 cm de long.

Biologie

Lamnostoma orientalis se rencontre dans les estuaires, mais elle fréquente aussi les zones marines côtières. Elle vit enfouie dans le sable où elle chasse à l'affût les petits poissons, les crevettes ou les petits invertébrés vivant dans le sable. Elle peut devenir abondante lors des remontées des alevins de Gobiidae ou des civelles.

Distribution

Cette espèce a une large répartition Indo-Pacifique, du Natal jusqu'en Polynésie française en passant par la Nouvelle-Calédonie et l'Inde.

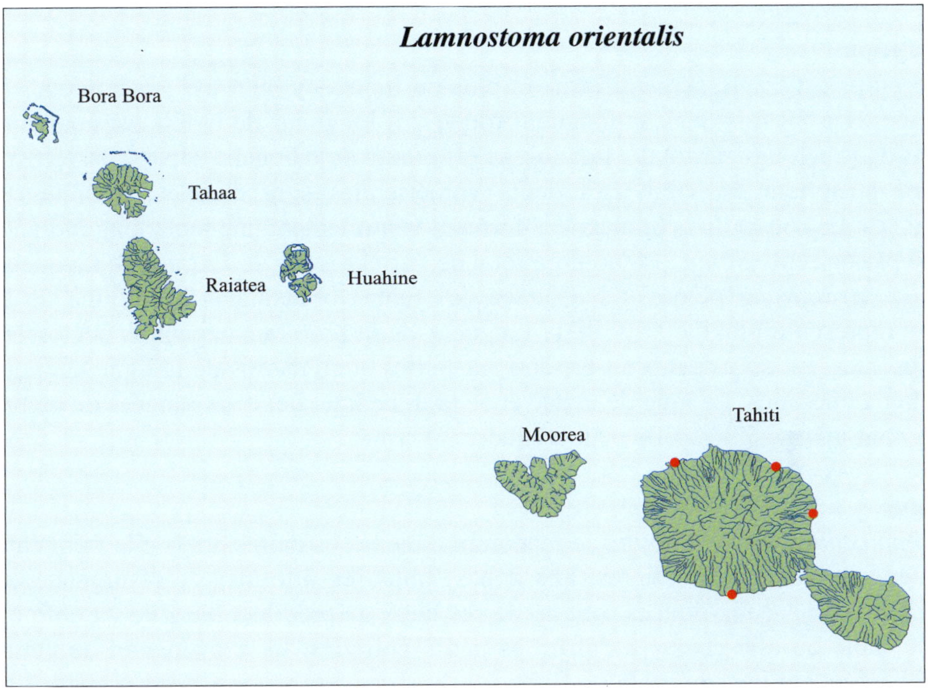
Lamnostoma orientalis
Bora Bora
Tahaa
Raiatea
Huahine
Moorea
Tahiti

E. Vigneux

Lamnostoma polyophthalma (Bleeker, 1853)

lamnostome ocellé, anguille serpent (F)

Description

Le corps est trapu, serpentiforme et plus ou moins cylindrique ; sa hauteur est contenue 27 à 38 fois dans sa longueur totale. La longueur de la tête est contenue 8,5 fois dans la longueur totale. Le museau est pointu et la bouche dépasse largement le bord postérieur de l'œil. Les dents vomériennes sont élargies, pointues et recourbées. Les ouvertures branchiales forment ventralement une fente longitudinale bordée par un repli cutané. Le nombre total de vertèbres est de 132 à 138. La queue rigide se termine en pointe. La distance des fentes branchiales à l'origine de la dorsale représente plus de 55% de la longueur de la tête. Les nageoires pectorales sont absentes. Le corps est brun-grisâtre sur le dos et au dessus de la ligne latérale, plus clair en dessous. Le long de la tête et de la ligne latérale, deux rangées de points blancs sont bien visibles. Elle peut atteindre 30 cm.

Biologie

Lamnostoma polyophthalma se rencontre dans les estuaires, mais elle fréquente aussi les zones marines côtières. Les zones sableuses littorales de résurgence ou d'écoulement des eaux douces sont un de ses lieux de prédilection. Elle vit enfouie dans le sable où elle chasse à l'affût les petits poissons, les crevettes et de petits invertébrés vivant dans le sable.

Distribution

Cette espèce a une vaste répartition Indo-Pacifique, de l'Afrique du sud jusqu'aux Marquises en passant par Sumatra et le Japon.

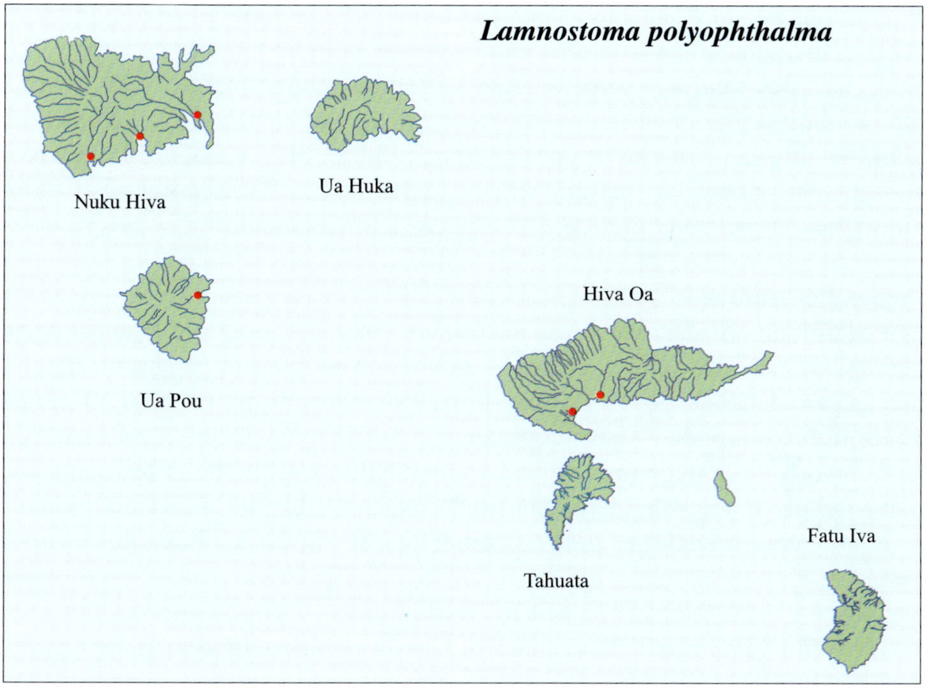
Lamnostoma polyophthalma
Nuku Hiva
Ua Huka
Ua Pou
Hiva Oa
Tahuata
Fatu Iva

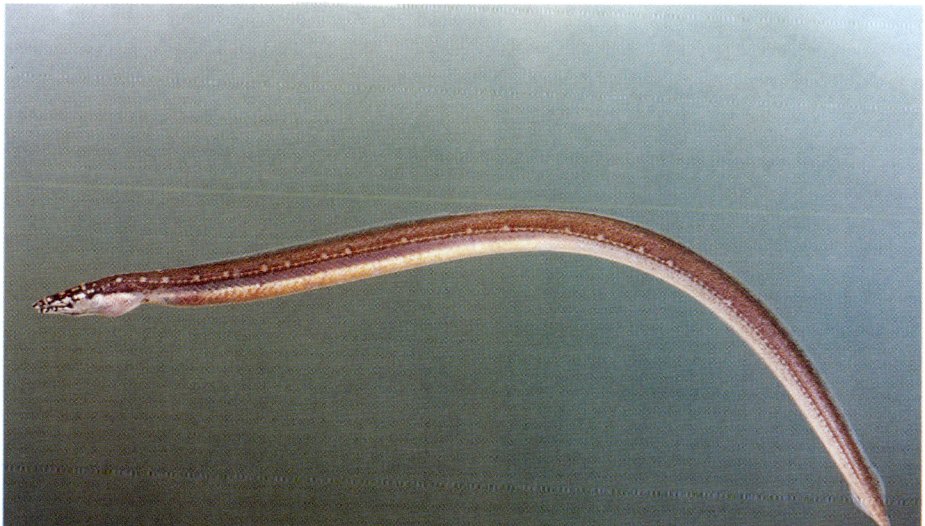

E. Vigneux

ORDRE DES CYPRINODONTIFORMES

Les poissons de cet ordre possèdent une ligne latérale dont le canal et les pores sont situés principalement sur la tête. Sur le corps, la ligne latérale est représentée seulement par des écailles percées. Les nageoires abdominales et la ceinture pelvienne sont présentes ou absentes. Il y a 3 à 7 rayons branchiostèges. La mâchoire supérieure est bordée seulement par le prémaxillaire. Il y a 24 à 54 vertèbres. Le dimorphisme sexuel est marqué et les mâles souvent très colorés. Il existe 8 familles pour 88 genres et près de 807 espèces dans le monde.

Famille des Poeciliidae

Les Poeciliidae ont des nageoires pectorales assez hautes sur le côté du corps. Les nageoires pelviennes sont en avant. Le gonopode est présent ou absent. Il existe 35 genres et près de 293 espèces. La sous-famille des Poeciliinae est caractérisée par la présence d'un gonopode (organe copulateur) chez le mâle. Celui-ci est formé des 3e, 4e et 5e rayons de la nageoire anale. La fécondation est interne et les oeufs sont riches en vitellus. Il y a 4 à 14 rayons sur la nageoire dorsale. Les trois premiers rayons de la nageoire anale ne sont pas branchus. Il y a 26 à 34 écailles en ligne latérale.

Poecilia sphenops Valenciennes *in* Cuvier et Valenciennes, 1846

Description

Le corps de cette espèce est ovale. Le museau est pointu. La bouche est supère. La nageoire dorsale, large, est très en arrière et possède de 8 à 11 rayons. La nageoire anale possède 8 à 10 rayons. La nageoire caudale est arrondie. La femelle est plus grande et plus trapue que le mâle, qui est plus svelte. L'espèce est gris-bleu avec 8 à 9 rangées de points jaunes longitudinaux sur les flancs. Le dos est plus sombre. Les nageoires pectorales sont jaunâtres, la dorsale, brun-jaune, possède des points noirs. L'espèce peut atteindre 8 cm pour les femelles, un peu moins pour les mâles.

Biologie

L'espèce est ovovivipare et très prolifique. La femelle produit 20 à 150 jeunes après 28 jours de gestation. Elle se nourrit surtout de végétaux mais ne dédaigne pas les invertébrés (vers, crustacés, insectes).

Distribution

L'espèce fréquente surtout l'Amérique Centrale et le Mexique. Elle a été introduite en Polynésie dans les années 1970 pour fournir des vifs à la pêche aux Thonidés. La majorité des stations connues de l'espèce ont été découvertes dans le cadre de la réalisation de cet atlas.

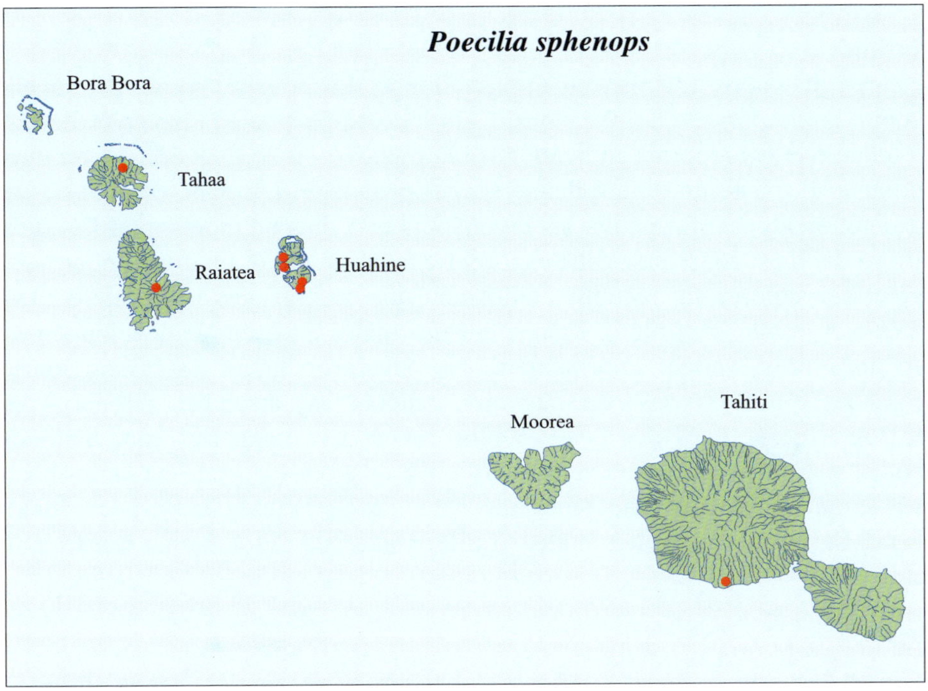
Poecilia sphenops
Bora Bora
Tahaa
Raiatea
Huahine
Moorea
Tahiti

E. Vigneux

Poecilia reticulata Peters, 1860
poisson million, guppy (F)

Description

Le corps du guppy est plus ou moins allongé. La bouche, petite, est supère. La nageoire anale possède 8 à 9 rayons. Celle-ci est opposée à la nageoire dorsale chez la femelle et est reportée en avant chez le mâle. Il y a 26 à 28 écailles en ligne longitudinale. Il existe un dimorphisme sexuel prononcé. L'organe copulateur des mâles (le gonopode) est formé par les rayons 3, 4 et 5 plus ou moins modifiés de la nageoire anale. Il est court chez cette espèce. Le mâle est plutôt fusiforme et possède une livrée bien colorée sur laquelle contrastent une ou plusieurs taches de couleur intense (violet, rouge, vert-bleu). La couleur des mâles ainsi que le développement de leurs nageoires, varient énormément. La nageoire dorsale est assez courte. Elle possède 7 à 8 rayons. La nageoire caudale est arrondie. Le corps est gris-verdâtre avec le bord des écailles plus foncé. Les nageoires sont hyalines. La femelle est trapue, souvent au ventre arrondi. Sa nageoire dorsale est moins haute que chez le mâle. L'espèce a été dénommée *reticulata* en raison de l'aspect réticulé (en réseau) de la coloration des mâles. Taille : mâles de 2,5 à 3 cm ; femelles de 4 à 7 cm.

Biologie

Préférant les eaux calmes, cette espèce est présente dans les étangs côtiers et les mares mais aussi dans les parties lentes des rivières. Elle vit parmi la végétation qui lui procure des abris contre les prédateurs. L'espèce se nourrit de petits crustacés et de larves de moustiques. C'est en raison de cette dernière caractéristique qu'elle semble avoir été introduite en Polynésie française. Le guppy mâle passe la plus grande partie de son existence à courtiser les femelles en effectuant une parade nuptiale au moyen de sa parure colorée. L'espèce est ovovivipare. L'accouplement se fait par copulation. Les œufs se développent dans la femelle. Celle-ci, après une incubation de trois semaines environ, met au monde jusqu'à 200 jeunes bien formés, privés de vésicule vitelline et capables de s'alimenter immédiatement. Les guppys peuvent se reproduire plusieurs fois par an.

Distribution

Originaire du continent américain, le guppy a été très largement implanté dans le monde entier. Il semble avoir été introduit à Tahiti dans les années 1920. Depuis cette date, il s'est largement répandu dans certaines îles. En revanche, une espèce voisine, *Gambusia affinis*, introduite à peu près à la même période a semble t-il totalement disparu.

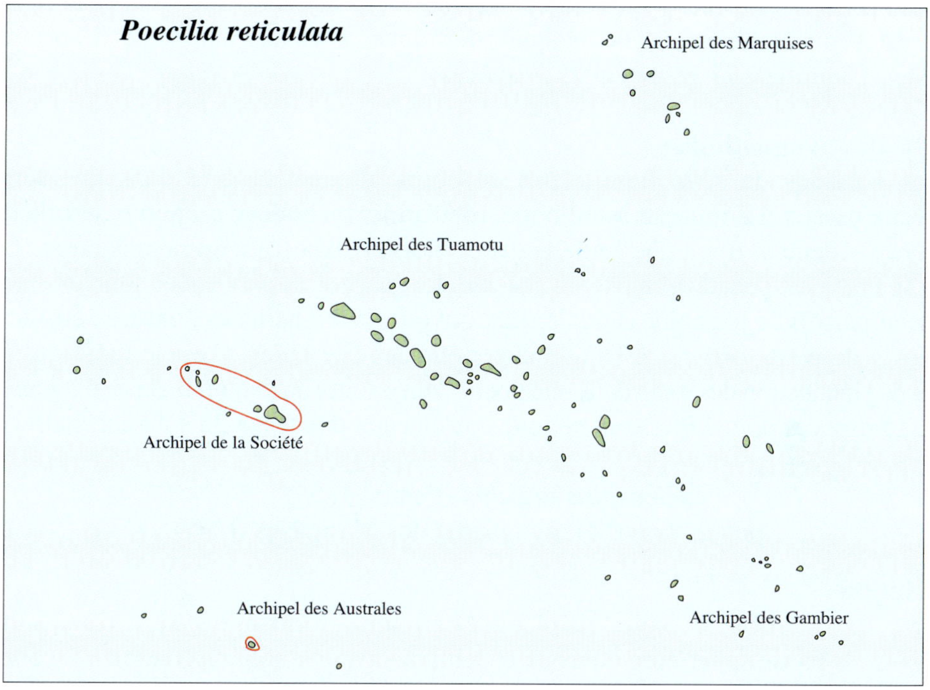
Poecilia reticulata
Archipel des Marquises
Archipel des Tuamotu
Archipel de la Société
Archipel des Australes
Archipel des Gambier

E. Vigneux

ORDRE DES GASTÉROSTÉIFORMES

Les Gastérostéiformes sont caractérisés par 1 à 5 rayons branchiostèges et leur corps est souvent recouvert de plaques dermiques formant une sorte d'armure. Il existe 11 familles, 71 genres et 257 espèces.

Famille des Syngnathidae

Les poissons de cette famille ont un corps allongé, enserré dans une série d'anneaux osseux. Le museau est allongé, tubiforme. La bouche est petite, terminale à supère et édentée. Il y a une seule nageoire dorsale avec 15 à 60 rayons mous. La nageoire anale est peu développée ou absente. Les nageoires pelviennes sont absentes ainsi que parfois la nageoire caudale. Les ouvertures branchiales sont très étroites, réduites à de petits orifices à l'angle supérieur des opercules. C'est le mâle qui se charge de l'incubation des œufs dans une poche située sous son ventre. Il existe 52 genres pour 215 espèces dont 17 ne sont connues qu'en eaux douces et 35 sont euryhalines.

Microphis argulus (Peters, 1855)
potu hoone (M) ; syngnathe des Marquises (F)

Description

Le corps est effilé, recouvert de plaques dermiques formant une série d'anneaux. Le bord de la partie supérieure du tronc et celui de la queue sont discontinus. Le bord latéral du tronc conflue avec le bord de la partie inférieure de la queue. L'opercule ne possède pas de crête longitudinale complète et distincte. On compte 16 à 17 anneaux pour le tronc, 36 à 39 pour la queue. La tête possède un museau relativement court et épais. Sa longueur moyenne est comprise entre 2,3 et 2,7 fois dans la longueur de la tête. Sa hauteur moyenne est comprise entre 2,5 et 3,4 fois dans la longueur du museau. La bouche, supère, est située à son extrémité. La mâchoire supérieure n'est pas protractile. Il n'y a pas de ligne latérale. La nageoire dorsale, longue, est située en avant du corps et possède 44 à 59 rayons mous. Les nageoires pectorales comptent 15 à 18 rayons branchus. La poche d'incubation est sous le tronc. Le corps est de couleur brun grisâtre avec deux rangées latérales superposées de taches ocellées sur chaque anneau du tronc, et une seule rangée sur chaque anneau de la queue. La taille maximale est de 14,5 cm.

Biologie

Cette espèce euryhaline vit surtout dans les eaux saumâtres et le long des côtes. On la retrouve dans les estuaires et dans le cours inférieur des rivières. Elle se nourrit de plancton, d'œufs et de petits crustacés qu'elle happe avec son museau en forme de tube. Ce poisson de surface vit souvent camouflé parmi la végétation. Il préfère les zones calmes à courant faible. Les juvéniles sont planctoniques. Le mâle se charge de l'incubation des œufs qui se déroule au sein d'une poche située sous le ventre de l'animal.

Distribution

Cette espèce a une large répartition Indo-Pacifique, dans l'Océan Indien (Comores et Maurice) et dans le Pacifique, de Java jusqu'aux Marquises.

Microphis argulus
Nuku Hiva
Ua Huka
Ua Pou
Hiva Oa
Tahuata
Fatu Iva

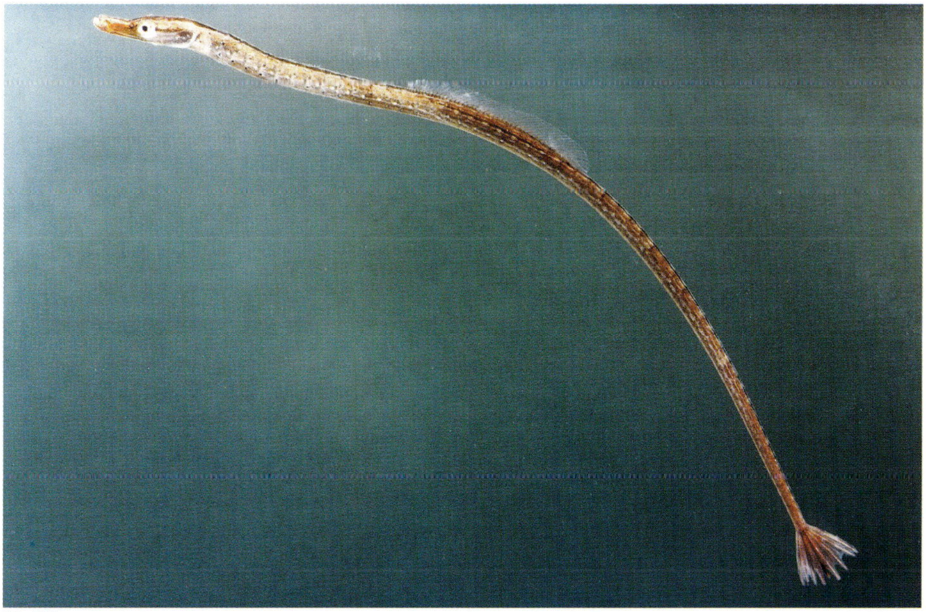
E. Vigneux

Microphis brachyurus brachyurus (Bleeker, 1853)
tia'i pape (S) ; syngnathe à queue courte (F)

Description

Le corps est effilé, recouvert de plaques dermiques formant une série d'anneaux. Le bord de la partie supérieure du tronc et celui de la queue sont discontinus. Le bord latéral du tronc conflue avec le bord de la partie inférieure de la queue. Le bord inférieur du tronc se termine au niveau de l'anneau anal. L'opercule possède des crêtes supplémentaires en dessous de la crête longitudinale, complète et distincte. On compte 20 à 22 anneaux pour le tronc, 21 à 24 pour la queue. La tête possède un museau relativement long et fin. Sa longueur moyenne est comprise entre 1,5 et 1,8 fois dans la longueur de la tête. Sa hauteur moyenne est comprise entre 7,2 et 11,3 fois dans sa longueur. La bouche, supère, est située à son extrémité. La mâchoire supérieure n'est pas protractile. Il n'y a pas de ligne latérale. La nageoire dorsale, longue, est située très en arrière du corps et possède 37 à 47 rayons mous. Les nageoires pectorales comptent 19 à 23 rayons branchus. La poche d'incubation est sous le tronc. Le corps est de couleur brune, devenant plus clair sur le ventre. Il existe habituellement des taches blanches ou bleutées sur les côtés du museau et de très petits points clairs sur le corps. La taille maximale est de 22 cm.

Biologie

Cette espèce euryhaline vit surtout dans les eaux saumâtres et le long des côtes. On la retrouve souvent dans les estuaires et dans le cours inférieur des rivières. Son nom tahitien signifie "gardien des eaux douces". Elle se nourrit de plancton, d'œufs et de petits crustacés qu'elle happe avec son museau en forme de tube. C'est un poisson de surface qui vit souvent camouflé parmi la végétation. Il préfère les zones calmes à courant faible. Les juvéniles sont planctoniques. C'est le mâle qui se charge de l'incubation des œufs. Elle se déroule au sein d'une poche située sous le ventre de l'animal.

Distribution

Cette espèce a une large répartition Indo-Pacifique, de l'Inde jusqu'en Polynésie française, en passant par le Japon, la Nouvelle-Calédonie et la Nouvelle-Guinée. La sous espèce *M. brachyurus millepunctatus* fréquente, quant à elle, les côtes africaines bordant l'Océan Indien du Kenya à Durban, Madagascar, Maurice et La Réunion.

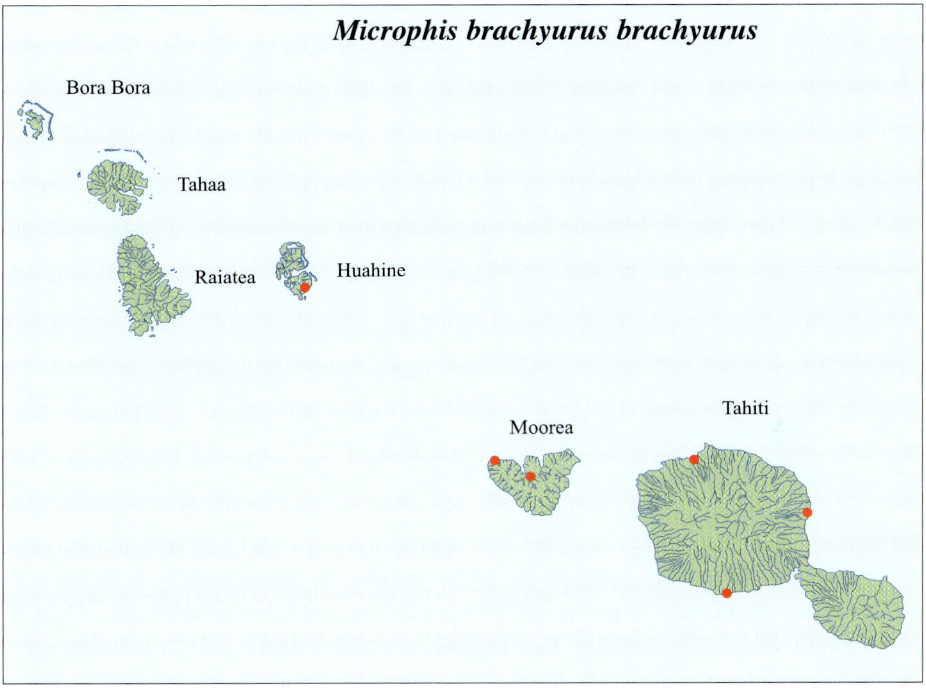
Microphis brachyurus brachyurus
Bora Bora
Tahaa
Raiatea
Huahine
Moorea
Tahiti

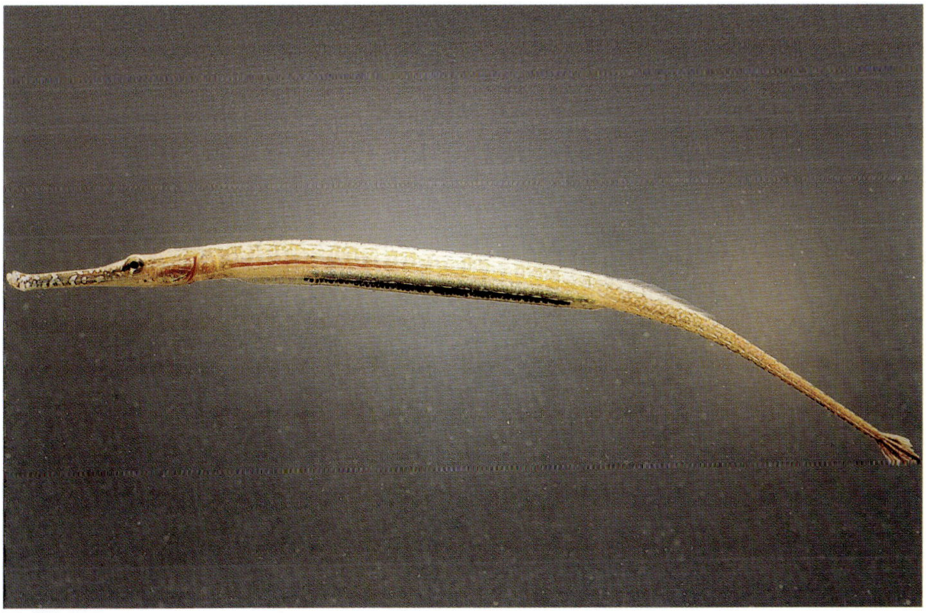

E. Vigneux

ORDRE DES MUGILIFORMES

Les Mugiliformes ont deux nageoires dorsales bien séparées ; la première possèdent 4 rayons épineux. Les nageoires pelviennes sont sub-abdominales et la ligne latérale absente ou peu visible. Les dents sont petites ou absentes. Les vertèbres sont au nombre de 24 à 26.

Famille des Mugilidae

La famille des Mugilidae (les mulets) regroupe plus de 70 espèces dans le monde pour 17 genres. Ce sont des poissons côtiers des mers tropicales et tempérées. Ils colonisent les milieux saumâtres estuariens. Ils ne présentent pas de ligne latérale. Leur capacité à résister à des variations importantes de salinité (poisson euryhalin) leur permet de coloniser des milieux très salés et de remonter aussi en eau douce.

Neomyxus leuciscus (Günther, 1872)
'anae (A)

Description

Le corps est cylindrique, allongé et la tête aplatie. L'ouverture de la bouche est oblique. La lèvre supérieure n'a pas de larges papilles ou de crénulations. Il y a 2 à 3 rangées de dents sur chaque lèvre. Les narines sont plus proches les unes des autres que des lèvres ou des yeux. L'insertion supérieure de la nageoire pectorale est au niveau du tiers supérieur de l'œil. Il n'y a pas d'écaille axillaire pectorale. Il y a 3 rayons épineux à la nageoire anale et 10 rayons mous (chez l'adulte). La caudale est fourchue. La première nageoire dorsale possède 4 rayons épineux et la seconde, 1 épineux et 9 mous. Les pectorales présentent 16 rayons. Il y a 42 à 45 écailles dans une série longitudinale et 13 en série transversale. Le diamètre de l'œil est inférieur à la longueur du museau. Les écailles sont cycloïdes. La nageoire anale et la seconde dorsale sont légèrement écailleuses. La tête est dépourvue d'écailles sur le quart de la distance entre le museau et les narines. Taille : jusqu'à 23 cm.

Biologie

En mer, cette espèce euryhaline se rencontre surtout le long des côtes, mais il est possible de la rencontrer dans les eaux saumâtres des estuaires où elle remonte plus ou moins haut en quête de nourriture. Elle fouille le sable et la vase à la recherche de vers, de mollusques, d'algues et de débris organiques. La reproduction s'effectue dans la zone côtière.

Distribution

L'espèce est présente dans la région Pacifique comprise entre Hawaï, les Samoa, la Polynésie et la Nouvelle-Calédonie.

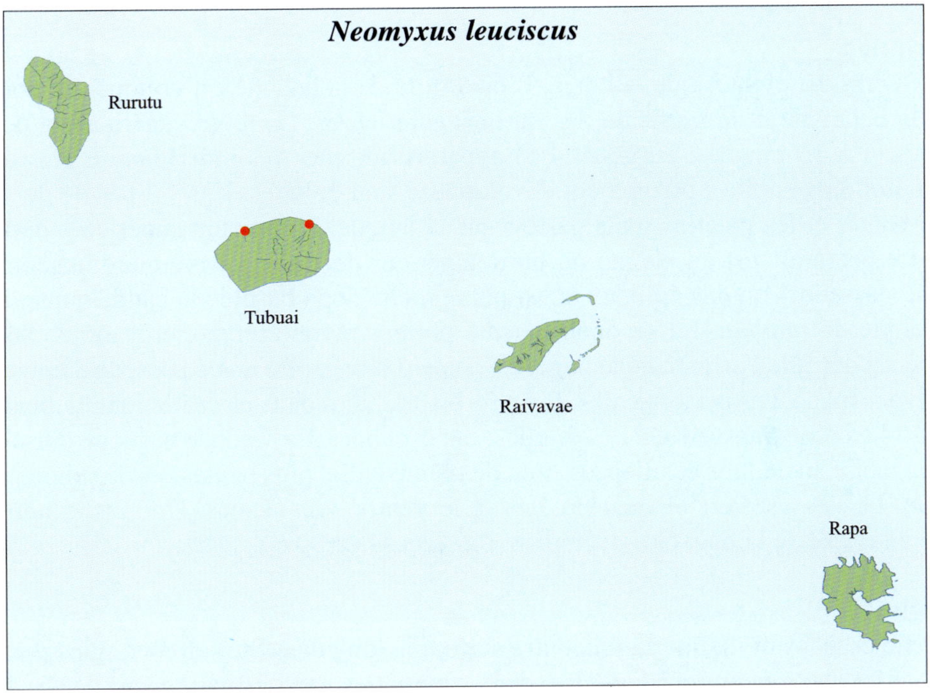

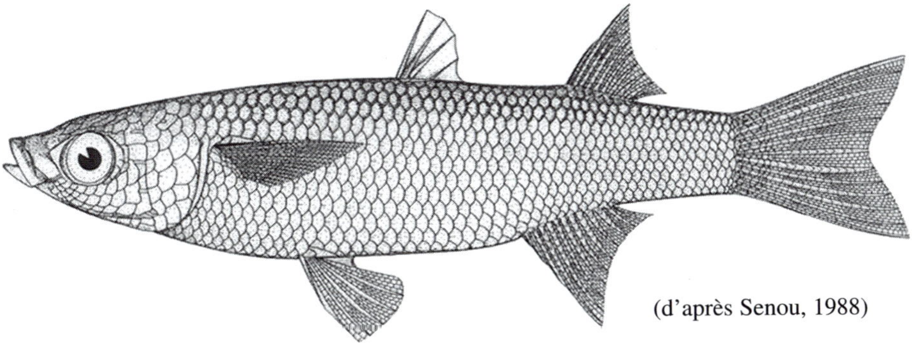

(d'après Senou, 1988)

Crenimugil crenilabis (Forsskål, 1775)

tehu (adulte), petehutehu, aua, orie (jeune) (S) ; ututu (A)

Description

Le corps est cylindrique, allongé. L'ouverture de la bouche est oblique. Le coin de la bouche atteint la verticale des narines antérieures. La lèvre supérieure a des papilles (1 à 10 rangées, en général 5) apparaissant chez les individus de plus de 70-80 mm. Les papilles pleinement développées sont aplaties. Il n'y a pas de dents sur le vomer et les palatins mais parfois sur la langue. L'insertion supérieure de la nageoire pectorale est au niveau du bord supérieur de l'œil. La première nageoire dorsale possède 4 rayons épineux et est plus proche de la base de la caudale que de l'extrémité du museau. La seconde dorsale porte 1 rayon épineux et 8 mous. Son origine est derrière l'origine de la nageoire anale. La nageoire anale possède 3 épines et 9 rayons mous. Les pectorales 17. Il y a 38 à 40 écailles dans une série longitudinale et 13 à 14 en série transversale. Les écailles sont cycloïdes. La seconde nageoire dorsale et la nageoire anale, très écailleuses, sont de même taille, plus hautes que la première dorsale. Le dos est vert olive, les côtés et le ventre sont blancs. Une tache noire existe à la base de la nageoire pectorale. Taille : jusqu'à 30 cm.

Biologie

Cette espèce euryhaline se rencontre surtout le long des côtes en mer, mais il est possible de la rencontrer dans les eaux saumâtres des estuaires en quête de nourriture, où elle remonte plus ou moins haut. On la trouve régulièrement piégée dans les parties basses des rivières à marée basse. Elle fouille le sable et la vase à la recherche de vers, de mollusques, d'algues et de débris organiques. La reproduction s'effectue dans la zone côtière.

Distribution

L'espèce fréquente la région Indo-Pacifique de Natal à Taiwan, la Nouvelle-Calédonie et la Polynésie française.

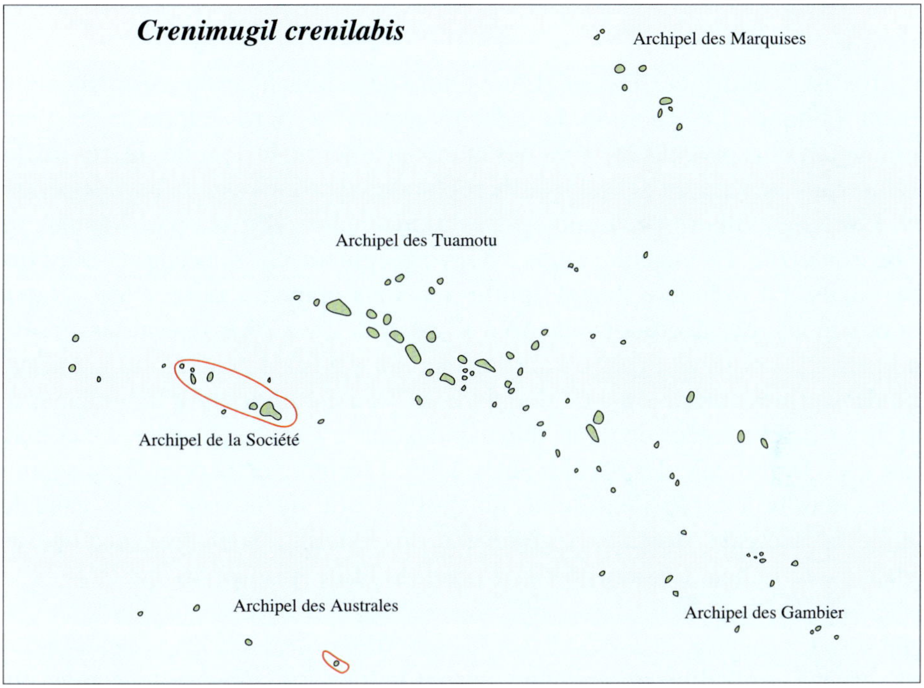
Crenimugil crenilabis
Archipel des Marquises
Archipel des Tuamotu
Archipel de la Société
Archipel des Australes
Archipel des Gambier

E. Vigneux

Liza alata (Steindachner, 1892)
tāvaù (M) ; mulet ailé (F)

Description

Le corps est cylindrique, allongé. L'ouverture de la bouche est horizontale, voire légèrement oblique. Le coin de la bouche atteint le bord inférieur de l'œil. Les narines sont plus proches les unes des autres qu'elles ne le sont des lèvres ou des yeux. L'insertion supérieure des nageoires pectorales est au niveau du bord supérieur de l'œil. L'écaille axillaire pectorale est très rudimentaire. Il n'y a pas d'épines sur le bord de l'opercule. La nageoire anale a 3 rayons épineux chez les adultes ainsi que 9 rayons mous. La première dorsale porte 4 rayons épineux, la seconde 1 rayon épineux et 8 mous. Les pectorales ont 16 à 17 rayons. Il y a 29 à 31 écailles en série longitudinale et 11 écailles en série transversale. Il n'y a pas d'écailles sur le museau en avant des narines antérieures. Le diamètre de l'œil est inférieur à la longueur du museau. Il y a 3 à 5 rangées de dents unicuspides sur la lèvre supérieure. Le coin de la bouche est à la verticale des narines antérieures. L'origine de la première nageoire dorsale est plus proche de l'extrémité du museau que de la base de la caudale. L'anale et la seconde dorsale, légèrement en faucille, sont très écailleuses. La caudale est fourchue. Le corps est gris argenté. Taille : jusqu'à 46 cm.

Biologie

Cette espèce euryhaline se rencontre surtout le long des côtes en mer, mais elle remonte plus ou moins haut en quête de nourriture dans les eaux saumâtres des estuaires et le cours inférieur des rivières. Elle fouille le sable et la vase à la recherche de vers, de mollusques, d'algues et de débris organiques. La reproduction s'effectue dans la zone côtière.

Distribution

L'espèce a une répartition Indo-Pacifique, qui s'étend du Natal et de Madagascar à l'Australie, aux Tongas et jusqu'aux Marquises.

Certains auteurs déterminent les spécimens marquisiens comme étant *Chelon melinopterus* (Valenciennes, 1836) et non *Liza alata* (Steindachner, 1892).

E. Vigneux

Liza vaigiensis (Quoy & Gaimard, 1825)
nape (S, A)

Description

Le corps est cylindrique, allongé. L'ouverture de la bouche est horizontale, voire légèrement oblique. Le coin de la bouche atteint le bord inférieur de l'œil. Les narines sont plus proches les unes des autres que des lèvres ou des yeux. L'insertion supérieure des nageoires pectorales est au niveau du bord supérieur de l'œil. L'écaille axillaire pectorale est très rudimentaire. Il n'y a pas d'épines sur le bord de l'opercule. La première nageoire dorsale possède 4 rayons épineux, la seconde 1 rayon épineux et 8 mous. La nageoire anale possède 3 rayons épineux et 8 mous, les pectorales 17. Il y a 24 à 26 écailles dans une série longitudinale et 8 écailles en série transversale. Les écailles sont cténoïdes. Le museau est dépourvu d'écailles jusqu'à la zone inter-narines. Le diamètre de l'œil est légèrement plus long que le museau. Il y a 1 à 2 rangées de dents unicuspides sur la lèvre supérieure qui disparaissent chez les spécimens supérieurs à 25 cm. Il y a une rangée de longues dents ciliées sur la lèvre inférieure. Le coin de la bouche est à la verticale des narines postérieures. L'origine de la première dorsale est plus proche de la base de la caudale que de l'extrémité du museau. La nageoire anale est légèrement plus haute que la seconde dorsale. Elles sont deux fois plus hautes que la première dorsale et elles sont très écailleuses. Le corps est gris argenté et les nageoires pectorales, larges, sont jaunes et noires. Taille : jusqu'à 48 cm.

Biologie

Cette espèce euryhaline se rencontre surtout le long des côtes en mer, mais il est possible de la rencontrer dans les eaux saumâtres des estuaires, où elle remonte en quête de nourriture, mais elle va moins haut que les autres espèces. Elle fouille le sable et la vase à la recherche de vers, de mollusques, d'algues et de débris organiques. La reproduction s'effectue dans la zone côtière.

Distribution

L'espèce a une large répartition Indo-Pacifique de Natal jusqu'en Polynésie française.

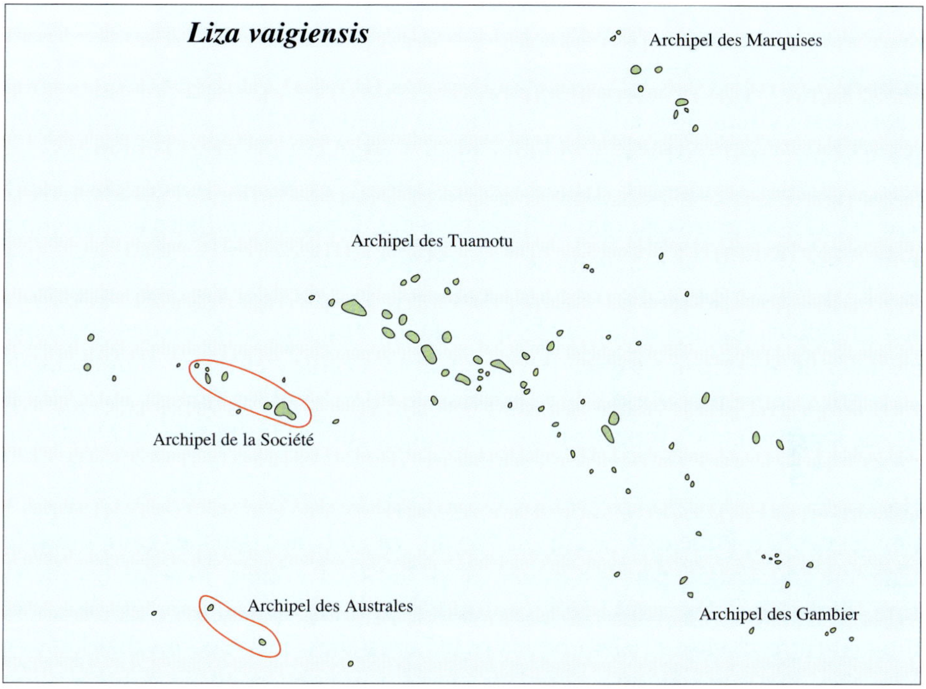
Liza vaigiensis
Archipel des Marquises
Archipel des Tuamotu
Archipel de la Société
Archipel des Australes
Archipel des Gambier

E. Vigneux

Mugil cephalus Linnaeus, 1758
kapae (A) ; muge, mulet cabot (F)

Description
Le corps est cylindrique, allongé. La tête est aplatie sur le dessus. Une paupière adipeuse couvre l'oeil jusqu'à la pupille chez l'adulte. Le corps cylindrique est recouvert d'écailles cycloïdes jusque sur la tête. L'extrémité postérieure de la mâchoire est au même niveau que la fente buccale. L'écaille axillaire est longue et représente 33 à 36% de la longueur de la nageoire pectorale. Il y a deux nageoires dorsales, la première possède 4 rayons épineux, la seconde 1 rayon épineux et 8 rayons branchus. La nageoire anale a 3 rayons épineux et 8 rayons branchus. La ligne latérale n'est pas visible. Il y a 37 à 43 écailles en ligne longitudinale. Le dos est gris cendré métallique, la face ventrale blanche et les flancs sont striés de 6 à 7 lignes longitudinales foncées plus ou moins visibles. Taille : de 30 à 100 cm.

Biologie
Le mulet cabot est une espèce euryhaline qui vit en bancs dans les eaux littorales et pénètre en eau douce par les estuaires et les lacs côtiers à la recherche de nourriture. Il préfère les eaux peu profondes à fond sablonneux et riches en végétation. Il filtre la vase et absorbe les petits crustacés, les vers, les diatomées et les mollusques. La reproduction a lieu en mer. La femelle pond de 5 à 7 millions d'ovules pourvus d'un important vitellus. La maturité sexuelle est atteinte à l'âge de 7-8 ans.

Distribution
Le mulet cabot est une espèce cosmopolite qui existe dans les eaux tempérées et tropicales de l'Europe à la zone Indo-Pacifique.

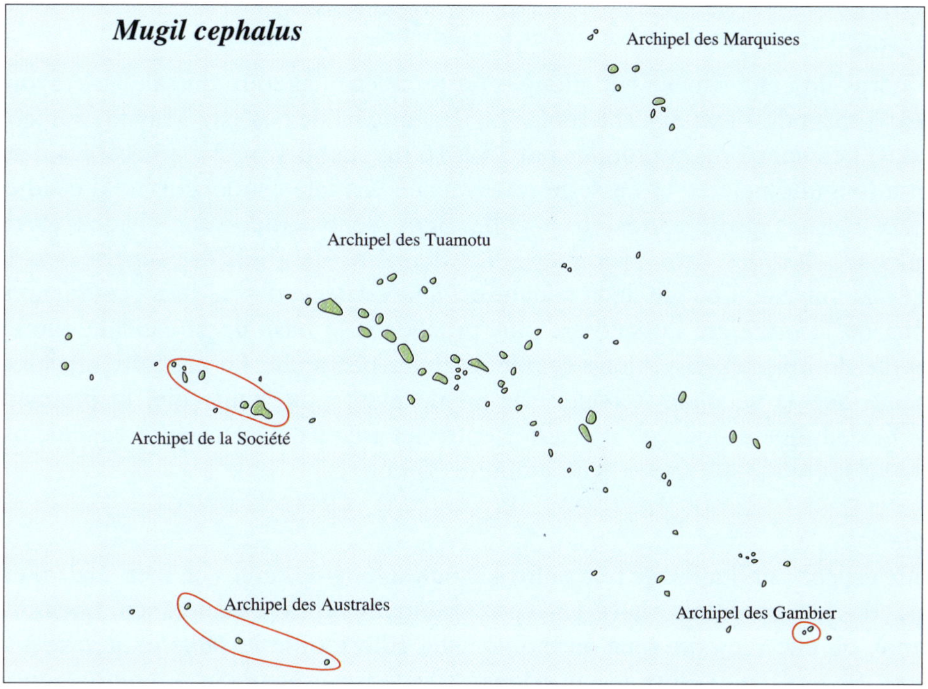
Mugil cephalus
Archipel des Marquises
Archipel des Tuamotu
Archipel de la Société
Archipel des Australes
Archipel des Gambier

E. Vigneux

Valamugil engeli (Bleeker, 1858)
petehutehu (adulte), aua, orie (jeune) (S)

Description

Le corps de cette espèce est allongé. La première nageoire dorsale a 4 rayons épineux, la seconde 1 épineux et 8 mous. La nageoire anale possède 3 rayons épineux et 9 mous. Les nageoires pectorales ont 15 à 16 rayons. Il y a 32 à 36 écailles dans une série longitudinale et 11 en série transversale. La tête est dépourvue d'écailles jusqu'aux narines postérieures. Il y a de fines dents ciliées sur chaque lèvre, disparaissant chez les gros spécimens. Le diamètre de l'œil est supérieur à la longueur du museau. Le coin de la bouche est à la verticale des narines postérieures. L'origine de la première dorsale est plus proche de la base de la caudale que de l'extrémité du museau. Il y a une écaille axillaire pectorale. La nageoire anale est plus haute que la seconde dorsale, elle-même étant plus haute que la première dorsale et densément pourvue d'écailles entre les rayons. La nageoire caudale est légèrement fourchue. L'espèce peut atteindre 25 cm.

Biologie

Cette espèce euryhaline se rencontre surtout le long des côtes en mer, mais il est possible de la rencontrer dans les eaux saumâtres des estuaires en quête de nourriture, où elle remonte plus ou moins haut. Elle fouille le sable et la vase à la recherche de vers, de mollusques, d'algues et de débris organiques. La reproduction s'effectue dans la zone côtière.

Distribution

L'espèce est présente dans toute la région Indo-Pacifique (Inde, Indonésie, Philippines, Polynésie française, Guam) et la Mer Rouge.

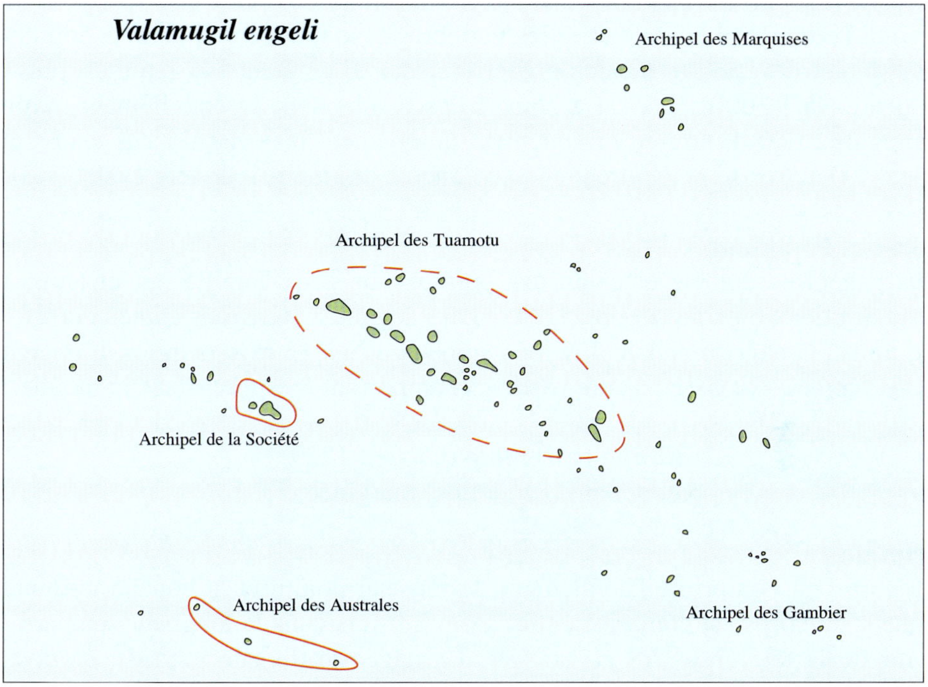

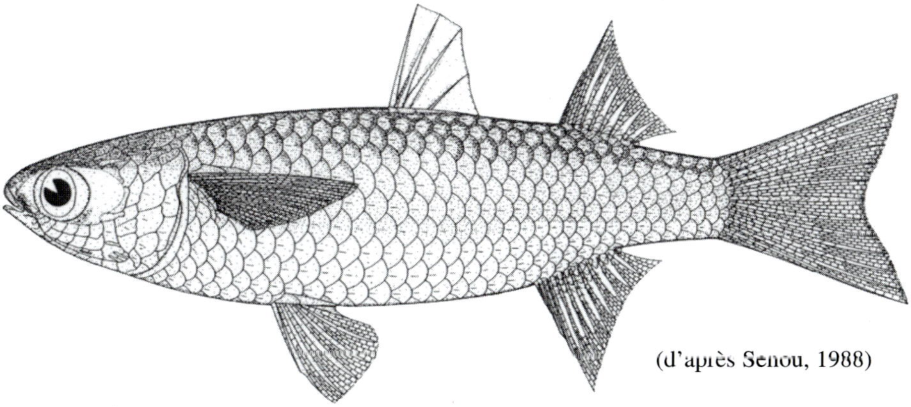

(d'après Senou, 1988)

E. Vigneux

ORDRE DES PERCIFORMES

L'ordre des Perciformes est celui qui est le plus diversifié chez les poissons. C'est aussi l'ordre le plus vaste chez les vertébrés et le groupe de poissons dominant dans la plupart des eaux tropicales et subtropicales. Il contient 148 familles, près de 1 500 genres et 9 300 espèces. La plupart des taxons sont essentiellement marins, mais près de 2 000 d'entre-eux fréquentent uniquement les eaux douces tandis que près de 2 200 autres se rencontrent en eau douce à un moment de leur cycle.

Famille des Kuhliidae

Les nageoires dorsale et anale des poissons de cette famille ont chacune un fourreau écailleux bien développé. La nageoire dorsale a 10 rayons épineux et 9 à 12 rayons mous, la nageoire anale 3 rayons épineux et 9 à 13 rayons mous. L'opercule possède 2 épines. Il existe 1 genre (*Kuhlia*) comportant 8 espèces dans le monde.

Kuhlia marginata (Cuvier, 1829)
pati'a, nato (S) ; kuhlie marginée (F)

Description

Le corps est comprimé latéralement, le museau pointu et la bouche terminale. La hauteur du corps est comprise entre 2,5 et 2,9 fois dans la longueur standard, la longueur de la tête entre 2,8 et 3,6 fois. La nageoire dorsale possède 10 rayons épineux et 10 à 12 rayons mous. La nageoire anale, 3 rayons épineux et 11 à 13 rayons mous. Les pectorales portent 13 à 15 rayons. Il y a 40 à 45 écailles en ligne latérale, 14 à 15 en série transversale et 9 à 12 écailles prédorsales. Le maxillaire n'atteint pas la verticale du milieu de l'œil. La nageoire caudale est émarginée avec 2 lobes pointus. Il y a 9 plus 16 à 18 branchiospines sur le premier arc branchial. Le préopercule et le préorbitaire sont serratulés, l'opercule possède deux épines. Le corps est en général gris argenté ; les adultes développent des taches noires sur la partie supérieure. Il y a une bande noire sub-marginale sur les rayons mous des nageoires dorsale et anale. La base de la nageoire caudale possède parfois des taches ou une bordure noire, en particulier chez les juvéniles. Taille : jusqu'à 20 cm.

Biologie

L'espèce fréquente les eaux douces et saumâtres du cours inférieur des rivières. Elle nage en banc et est très rhéophile. Elle se nourrit principalement de proies qui dérivent à la surface de l'eau, en particulier d'insectes tombés dans l'eau (Hyménoptères - surtout des fourmis -, Diptères, Lépidoptères...). Elle se nourrit aussi de petits mollusques et de crustacés (Amphipodes, Atyidae). Elle est devenue rare dans certains cours d'eau, soit à la suite de la destruction de son habitat, soit victime d'une trop forte pression de pêche.

Distribution

Kuhlia marginata fréquente les rivières de la Nouvelle-Guinée et des Philippines jusqu'au sud du Japon, de la Polynésie française et de la Nouvelle-Calédonie.

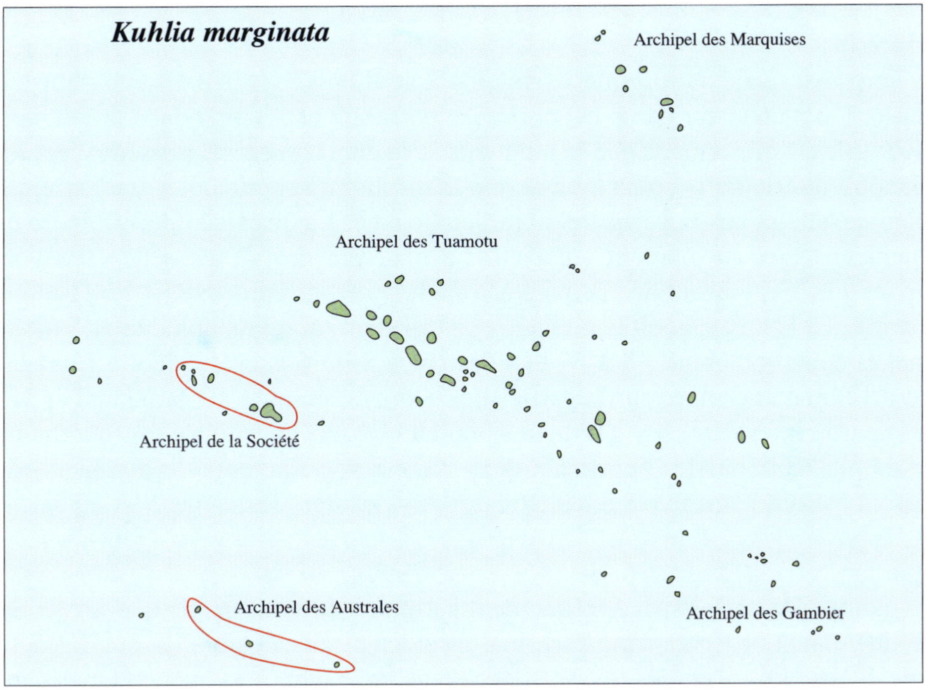
Kuhlia marginata
Archipel des Marquises
Archipel des Tuamotu
Archipel de la Société
Archipel des Australes
Archipel des Gambier

E. Vigneux

Kuhlia mugil (Forster, 1801)
pati'a nana'o (S) ; kuhlie mulet (F)

Description

Le corps est ovale, comprimé latéralement et allongé. La tête est sub-obtuse et écailleuse. La hauteur du corps est comprise entre 2,7 et 3,1 fois dans la longueur standard ; elle est plus grande que la longueur de la tête. L'opercule possède 2 épines. La mâchoire inférieure est plus longue que la mâchoire supérieure et son extrémité postérieure n'atteint pas la verticale du milieu de l'œil. La distance inter-orbitaire est pratiquement égale au diamètre de l'œil. La nageoire dorsale possède 10 rayons épineux et 9 à 11 rayons mous, la nageoire anale 3 rayons épineux et 10 à 11 mous, les pectorales 14. Les nageoires pelviennes possèdent un rayon épineux et 5 mous. La ligne latérale comprend 48 à 53 écailles (plus 5 ou 6 sur la nageoire caudale). Il y a 8 à 12 branchiospines sur la partie supérieure du premier arc branchial et 21 à 26 sur la partie inférieure. Il y a 6 rayons branchiostèges. La caudale est fourchue et zébrée de plusieurs bandes noires obliques. Le corps est argenté, le dos bleu-gris. Les nageoires sont blanchâtres à jaunâtres, parfois claires. Taille : de 20 à 30 cm.

Biologie

Les adultes de cette espèce fréquentent surtout le littoral, tandis que les jeunes sont fréquemment observés dans les estuaires et les piscines naturelles que forment, à marée basse, le creux des récifs. Ils nagent en bancs à la recherche de leur nourriture (crustacés planctoniques et petits poissons) qu'ils capturent plutôt au crépuscule ou la nuit. La ponte s'effectue en zone côtière et les estuaires servent de nurseries.

Distribution

L'espèce est répandue de l'est de l'Océan Indien à la Polynésie française et jusqu'aux îles Galapagos.

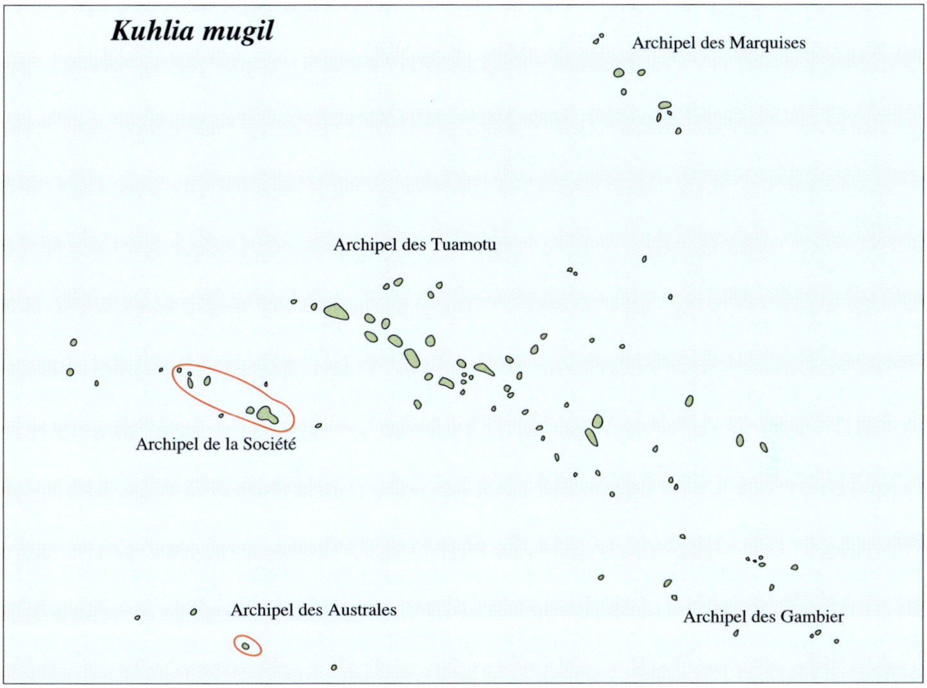
Kuhlia mugil
Archipel des Marquises
Archipel des Tuamotu
Archipel de la Société
Archipel des Australes
Archipel des Gambier

E. Vigneux

Famille des Cichlidae

Les Cichlidae sont caractérisés par la présence d'une seule narine de chaque côté du museau et par l'existence d'une ligne latérale discontinue. Il existe près de 105 genres pour plus de 1 300 espèces dans le monde.

Oreochromis mossambicus (Peters, 1852)
tilapia (F)

Description

L'espèce est caractérisée par un corps ovoïde aplati latéralement. La bouche est terminale avec des dents courtes toutes échancrées. La nageoire dorsale possède 15 ou 16 rayons épineux suivis de 10 à 12 rayons mous. La nageoire anale est composée de 3 ou 4 rayons épineux suivis de 9 ou 10 rayons. La ligne latérale comporte 29 à 32 écailles. Il y a 14 à 29 branchiospines à la base du premier arc branchial et 2 ou 3 séries d'écailles sur la joue. *O. mossambicus* peut atteindre 35 à 40 cm, pour un poids allant de 700 g à 2,5 kg.

Biologie

Cette espèce est euryhaline. Elle vit aussi bien en eau douce qu'en eau saumâtre. Son adaptation au milieu est très importante puisque le tilapia peut se reproduire dans des eaux ayant un taux de salinité de 30/1000 et vivre dans des eaux ayant un taux de 40/1000. Cette espèce est aussi eurytherme puisque ses seuils létaux sont de 3,5°C et de 40,5°C avec toutefois une très nette préférence pour les eaux au-dessus de 20°C. Lors de la reproduction, le couple creuse un sillon dans le substrat pour que la femelle y dépose ses ovules. Le mâle va ensuite les féconder. Les œufs seront incubés dans la bouche de la femelle, puis les alevins viendront s'y réfugier jusqu'à ce qu'ils aient une taille suffisante pour échapper aux prédateurs. Le jeune tilapia se nourrit surtout de diatomées, l'adulte d'algues filamenteuses (Chlorophycées, Myxophycées...), de plantes supérieures, de matières organiques en décomposition, de crustacés et de jeunes poissons.

Distribution

O. mossambicus est originaire d'Afrique de l'est mais a été très largement introduit dans le monde et en particulier dans la zone Indo-Pacifique. Son introduction en Polynésie française date des années 1950.

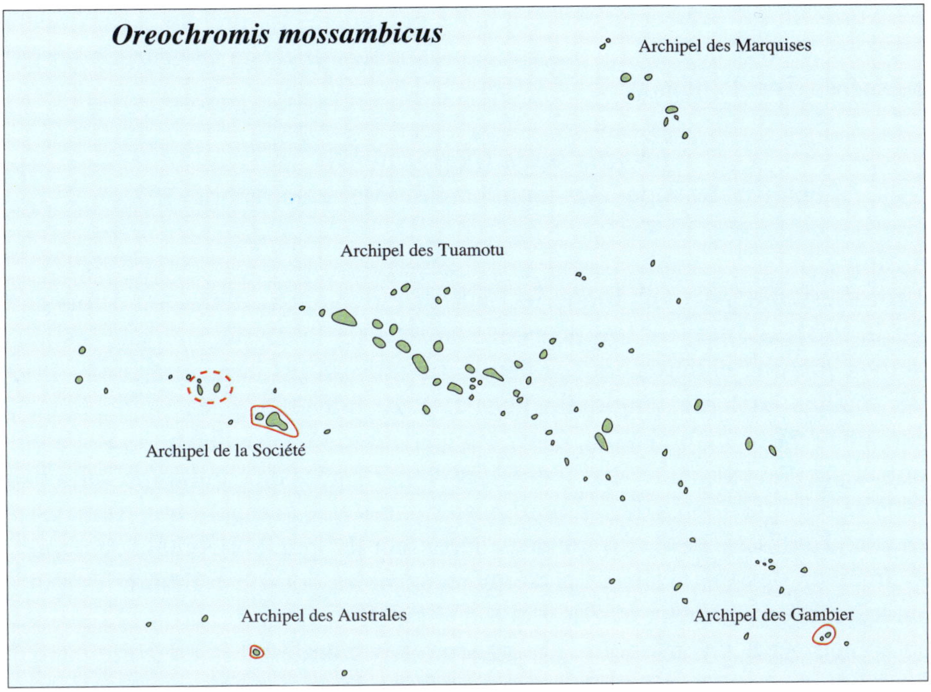
Oreochromis mossambicus
Archipel des Marquises
Archipel des Tuamotu
Archipel de la Société
Archipel des Australes
Archipel des Gambier

E. Vigneux

Famille des Eleotridae

Les Eleotridae ont des nageoires pelviennes séparées, leurs bases étant très proches, voire unies, la bouche est terminale ou supère. La première partie de la nageoire dorsale possède 2 à 8 rayons épineux flexibles. Il existe 40 genres pour près de 175 espèces dans le monde.

Eleotris fusca (Forster, 1801)
o'opu (S) ; kokopu (A) ; topu, hahutu (M) ; eleotris brun (F)

Description

Le corps est allongé, cylindrique, sa hauteur est comprise entre 4 et 5 fois dans la longueur totale. La tête est très déprimée, aplatie sur le dessus, un peu plus large que haute et presque entièrement écailleuse. Le museau est large et arrondi. Il y a 60 à 78 écailles en ligne longitudinale et 8 à 10 branchiospines sur la branche inférieure du premier arc branchial. Cette branche inférieure est attachée à l'opercule uniquement par son extrémité antérieure. Les deux rangées de papilles présentes sur l'opercule se rejoignent près de son bord postérieur. Il y a 7 rangées transversales de papilles sous l'œil. Les 2e, 4e et 6e rangées dépassent la ligne horizontale de papilles qui est située en dessous d'elles. La première nageoire dorsale comporte 6 épines, la seconde un rayon épineux et 7 à 9 rayons branchus. La nageoire anale possède 1 rayon épineux et 8 rayons mous. Les nageoires pectorales et la nageoire caudale sont arrondies. Les nageoires pelviennes sont séparées. Le corps a une coloration foncée très variable. Généralement brun foncé à l'état adulte, il peut être gris-clair à brun-clair chez les jeunes. Les nageoires impaires sont pointillées de noir. L'anale est quelquefois bordée de blanc. La base de la pectorale est blanchâtre et porte en général une pastille noire. La taille varie de 10 à 25 cm.

Biologie

On rencontre cette espèce euryhaline dans tous les milieux à une altitude ne dépassant pas 50 à 80 m. Les adultes affectionnent plus particulièrement les zones d'estuaire et le cours inférieur des rivières tandis que les jeunes fréquentent surtout le cours inférieur, dans des zones à courant moyen à fort sur un substrat grossier. Ce sont des carnassiers très voraces vivant sous les rochers à l'affût de petits insectes, de mollusques, de crevettes ou de poissons. C'est une espèce amphidrome. Les larves, après leur éclosion dans la rivière, gagnent la mer. Après un séjour marin ne dépassant pas six mois, les jeunes, à l'état de post-larves recolonisent les estuaires.

Distribution

Eleotris fusca est une espèce très répandue dans toute la région Indo-Pacifique, de l'ouest de l'Océan Indien jusqu'en Nouvelle-calédonie et en Polynésie française.

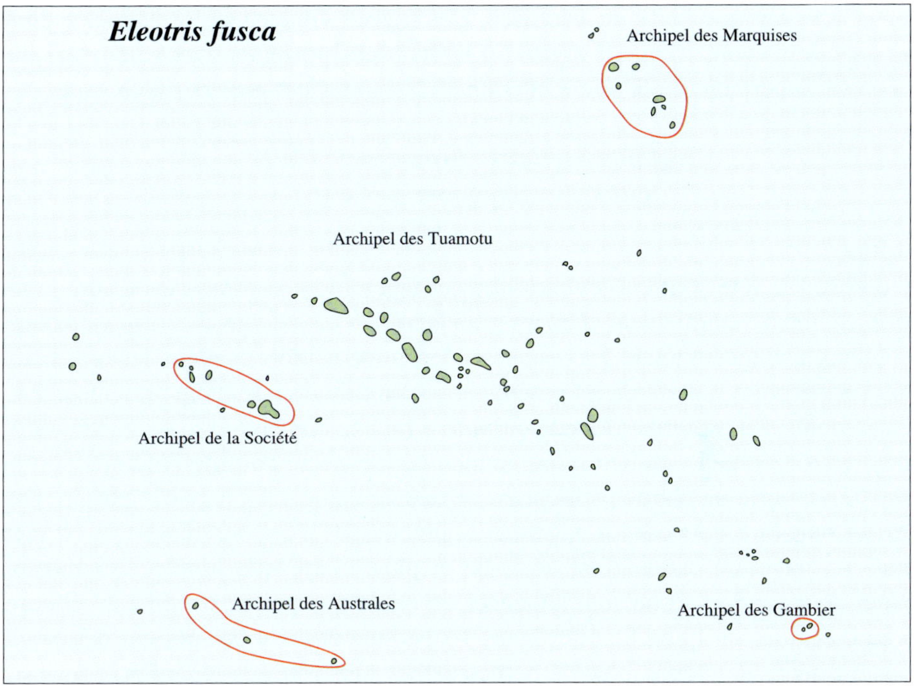
Eleotris fusca
Archipel des Marquises
Archipel des Tuamotu
Archipel de la Société
Archipel des Australes
Archipel des Gambier

E. Vigneux

Famille des Gobiidae

Lorsqu'elles sont bien développées, les nageoires pelviennes des Gobiidae sont soudées et forment une sorte de ventouse. Les rayons épineux de la nageoire dorsale sont séparés des rayons mous. Il existe 5 rayons branchiostèges. Les yeux sont placés dans la partie supérieure de la tête. On connaît 212 genres et près de 1 875 espèces.

Awaous ocellaris (Broussonet, 1782)
moomoo (S) ; gobie ocellé (F)

Description

Le corps et la tête sont sub-cylindriques et légèrement compressés. Cette dernière est déprimée dorso-ventralement chez les grands mâles. La hauteur du corps est contenue 4 à 5 fois dans la longueur totale. La bouche est légèrement infère et atteint le bord antérieur de l'oeil. La mâchoire supérieure est proéminent. La mâchoire inférieure présente plusieurs rangées de dents. La première dorsale compte 6 rayons épineux et la deuxième dorsale possède 1 rayon épineux et 10 rayons branchus. L'espèce, comme l'indique son nom latin, *ocellaris*, porte une large tache noire cernée de blanc dans la partie postérieure de la première nageoire dorsale. La nageoire anale possède 1 rayon épineux et 10 rayons branchus. La nageoire caudale est arrondie et plus courte que la tête. Les nageoires pelviennes sont soudées et ne sont attachées au corps que par l'extrémité antérieure. Il y a 55 à 60 écailles en ligne longitudinale. L'opercule et les joues portent des écailles. Le corps est beige ou crème avec de petites taches plus foncées réparties le long de la ligne latérale. Le dimorphisme sexuel est peu développé. La papille génitale du mâle est aplatie et de forme triangulaire ; celle de la femelle est à peu près cylindrique. Les nageoires impaires, ainsi que la mâchoire, sont légèrement plus longues chez le mâle. En outre la mâchoire du mâle comporte plus de dents que celle de la femelle. La taille est comprise entre 5 et 13 cm. Le spécimen d'après lequel Broussonnet avait fait sa description, appartenait à la collection dont Banks lui avait fait présent ; il avait été pris dans un ruisseau d'eau douce à "Otaïti" par MM. Banks et Solander. L'espèce portait à l'époque dans cette île le nom d'"eruhe" ou "awaou" d'où le nom de genre a été tiré.

Biologie

Cette espèce, diurne, est observable sur le fond, dans les eaux calmes des cours inférieurs. Elle se nourrit de détritus, d'algues et occasionnellement de petits vers, de gastéropodes et de crustacés. Elle avale de grandes quantités de substrat qu'elle filtre à travers sa chambre branchiale. La biologie d'une espèce voisine, *A. guamensis*, est mieux connue. L'espèce est amphidrome : au moment de la reproduction, les adultes migrent vers le cours inférieur des rivières. Les femelles pondent à la surface des rochers des ovules qui sont fertilisés par les mâles. Les mâles surveillent les œufs jusqu'à l'éclosion des larves. Ces dernières gagnent la mer où la durée de leur séjour serait de plusieurs mois. Les jeunes alevins se rassemblent par bancs lorsqu'ils retournent en eau douce pour y poursuivre leur croissance.

Distribution

Cette espèce a une large répartition Pacifique, des îles Salomon jusqu'en Polynésie française en passant par la Nouvelle-Calédonie, le Vanuatu, les Fidji et les Samoa.

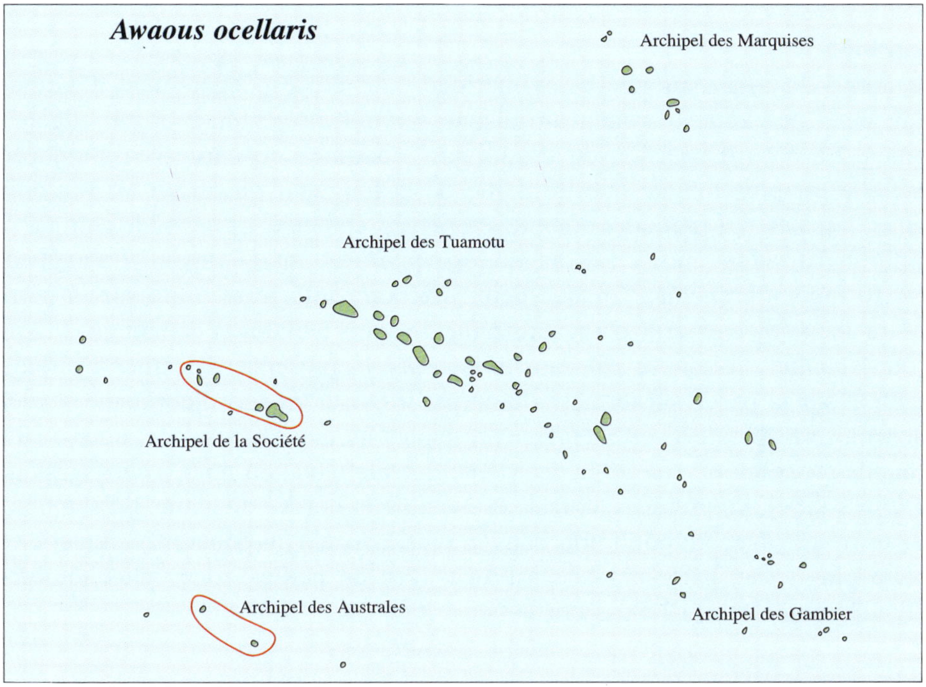
Awaous ocellaris
Archipel des Marquises
Archipel des Tuamotu
Archipel de la Société
Archipel des Australes
Archipel des Gambier

E. Vigneux

Lentipes rubrofasciatus Maugé, Marquet & Laboute, 1992

kikitu kuà (M) ; nez rouge (F)

Description

Le corps est assez allongé et cylindrique ; la tête est légèrement déprimée. Les nageoires pelviennes forment un disque servant de ventouse et qui adhère à l'abdomen. La base d'insertion du disque sur l'abdomen concerne l'ensemble des rayons : elle est plus longue que la moitié de la longueur du disque. Il y a deux nageoires dorsales. La première compte six rayons épineux. La seconde compte un rayon dur et 10 rayons mous. Les nageoires pectorales ont 17 rayons. La nageoire anale a 10 rayons branchus. Chaque demi mâchoire inférieure porte sur sa partie antérieure une rangée externe d'une quinzaine de dents labiales et une rangée interne de 3 ou 4 canines. L'espèce est caractérisée par la présence d'écailles cycloïdes uniquement sur la partie postérieure du corps. Il existe un fort dichroïsme sexuel : le mâle a un corps bleuté à vert métallisé présentant un museau rouge vif ainsi qu'une large bande rouge au niveau de la deuxième dorsale d'où son nom (*rubro* = rouge, *fasciatus* = bande). La première dorsale est sombre et bordée de blanc. La deuxième dorsale est rouge avec un point noir dans sa partie distale antérieure. La femelle est beaucoup plus terne, grise blanche à brune avec de petites zones plus sombres. La taille maximale est de 2,5 à 3 cm.

Biologie

Cette espèce, diurne, est observable dans les zones de contre-courant sur fonds de graviers ou sur fond de sable en eaux courantes. Elle est très rhéophile, capable de franchir les cascades. Elle colonise les rivières dans les cours moyens et supérieurs. Elle se nourrit d'algues et de petits invertébrés aquatiques. La biologie d'une espèce voisine, *Lentipes concolor*, d'Hawaii est connue. Les populations peuvent vivre à plus de 600 m d'altitude et franchir des cascades de plus de 100 m de haut. L'espèce est amphidrome : les femelles pondent entre octobre et juin dans l'eau douce de très nombreux ovules (1 500 à 24 000 de 0,4 à 0,5 mm de diamètre). Les larves, entraînées par le courant, gagnent la mer où la durée de leur séjour serait de l'ordre de quelques mois. Les jeunes alevins retournent ensuite dans l'eau douce pour y poursuivre leur croissance et remonter la rivière. Le mâle patrouille sur un territoire de 0,1 à 4 m^2 et il peut conserver ce territoire durant plus de 4 ans.

Distribution

Cette espèce rare est endémique des Marquises. Décrite à l'origine d'après seulement 5 spécimens en provenance de Ua Huka. L'espèce a été trouvée dans le cadre de la réalisation de cet ouvrage à Hiva Oa, Tahuata et Ua Pou.

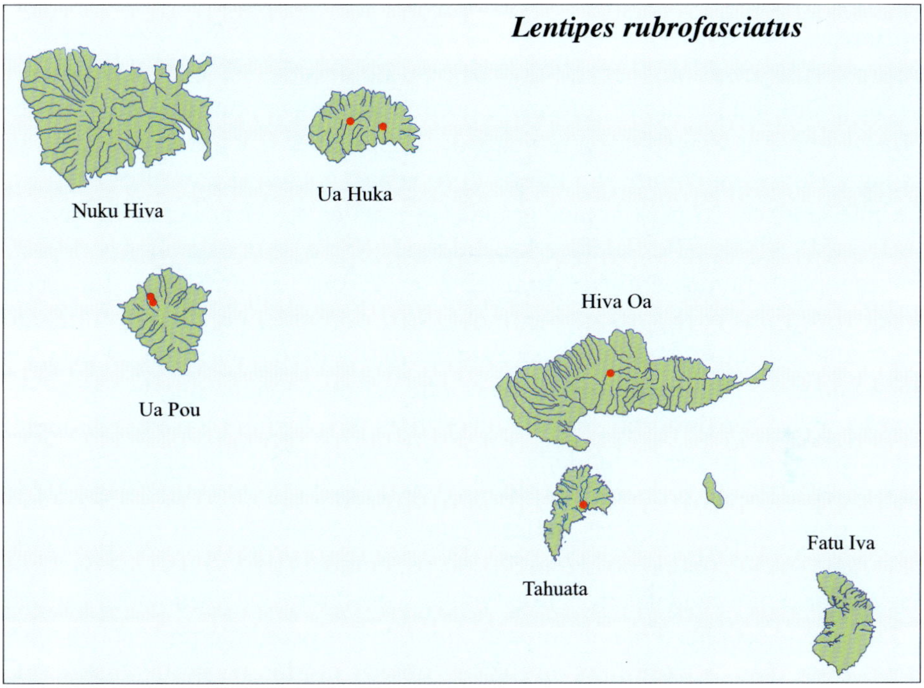
Lentipes rubrofasciatus
Nuku Hiva
Ua Huka
Ua Pou
Hiva Oa
Tahuata
Fatu Iva

E. Vigneux

Sicyopterus lagocephalus (Pallas, 1774)

apiri (adulte), ina'a (jeune) (S) ; sicyoptère à bec de lièvre (F)

Description

Le corps est assez allongé et sub-cylindrique. Le museau est arrondi et la bouche légèrement infère. La mâchoire inférieure porte des canines présentes dans les deux sexes. Les dents sont tricuspides à la mâchoire supérieure. Il y a trois encoches bien visibles sur la lèvre supérieure. La nuque et le ventre sont écailleux. Les écailles de la partie antérieure du corps sont plus grandes que celles des flancs et de la base de la caudale. Il y a 48 à 54 écailles en ligne longitudinale. Il y a deux nageoires dorsales. La première compte 6 rayons épineux dont les 3e et 4e sont les plus longs. La seconde compte un rayon dur et 9 à 10 rayons mous. Les nageoires pelviennes forment un disque servant de ventouse qui adhère à l'abdomen. La base d'insertion du disque sur l'abdomen concerne l'ensemble des rayons : elle est plus longue que la moitié de la longueur du disque. Le dimorphisme sexuel est bien développé. La papille génitale du mâle est aplatie et de forme triangulaire ; celle de la femelle est à peu près cylindrique, avec une extrémité large portant des structures fibreuses. Les nageoires impaires sont légèrement plus longues chez les mâles. Cette espèce présente un fort dichroïsme sexuel : le mâle se différencie de la femelle par ses couleurs plus vives ; les flancs sont bleu-vert et la nageoire caudale arrondie est rouge. Lors du frai, ce phénomène s'accentue encore. La femelle est plus terne, le corps est brun, le dos peut montrer sept bandelettes transverses brun clair, à tracé plus ou moins sinueux et plus ou moins distinct. Elle possède une bande centrale noirâtre et un double liseré blanc et noir. La nageoire anale est bordée d'une bandelette inférieure brun-noir. Taille : de 4,5 à 13 cm pour l'adulte.

Biologie

Les adultes sont très rhéophiles et vivent en rivière dans les zones de rapides (130 à 160 cm/s), plus ou moins profondes (20 à 40 cm), sur des fonds de cailloux et de galets. On les trouve aussi près des embouchures. Ils se fixent sur les gros galets ou les rochers grâce à leur ventouse ventrale et raclent les diatomées et les algues. C'est une espèce amphidrome. Elle se reproduit en rivière. Une femelle pond de 50 000 à 70 000 ovules. Le développement embryonnaire se fait en eau douce. Les larves sont entraînées par le courant jusqu'à la mer et vont s'y développer jusqu'au stade juvénile (environ 30 mm de long). Ce stade atteint, les alevins (ina'a) se regroupent aux embouchures des rivières afin de commencer leur remontée. Il semble que les alevins soient attirés, quand ils sont encore en zone côtière, par les eaux douces se déversant en mer. Grâce à leur ventouse, ils remontent des chutes de plusieurs dizaines de mètres. Les préférences d'habitat semblent évoluer avec l'âge du poisson : les plus jeunes s'installent dans des zones où le courant est relativement moins important et les hauteurs d'eau plus faibles par rapport aux adultes. C'est lorsqu'ils entament leur remontée que les ina'a sont capturés, à proximité des embouchures, à l'aide de larges épuisettes.

Distribution

On trouve cette espèce dans l'ouest de l'Océan Indien et le Pacifique jusqu'en Polynésie française et en Nouvelle-Calédonie.

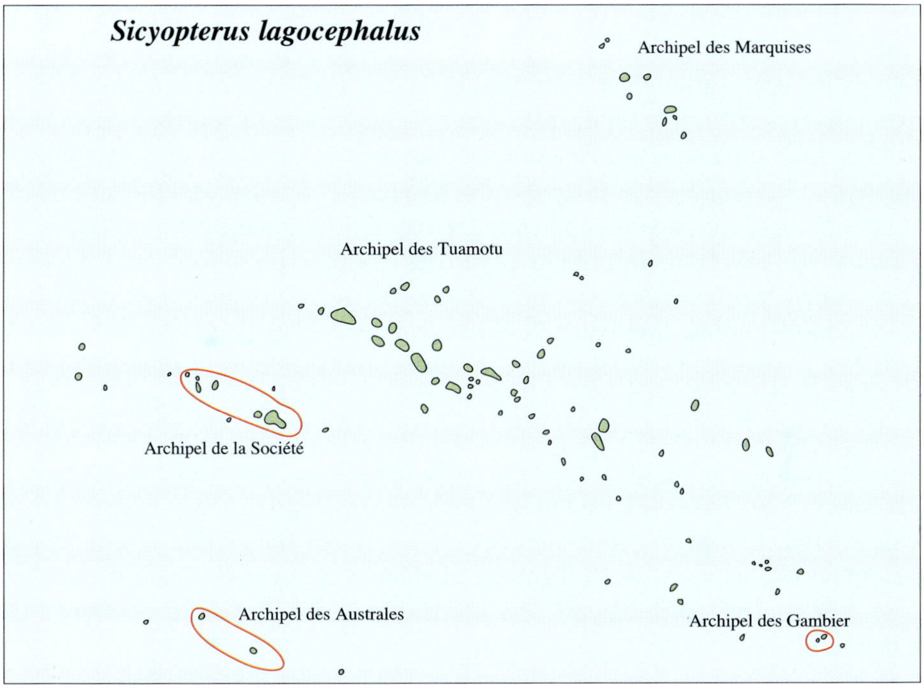
Sicyopterus lagocephalus
Archipel des Marquises
Archipel des Tuamotu
Archipel de la Société
Archipel des Australes
Archipel des Gambier

E. Vigneux

Sicyopterus marquesensis Fowler, 1932

inana (jeune), mai, tuivi (adulte) (M) ; sicyoptère des Marquises (F)

Description

Le corps est assez allongé et cylindrique ; la tête est légèrement déprimée. Les nageoires pelviennes forment un disque servant de ventouse qui adhère à l'abdomen. La base d'insertion du disque sur l'abdomen concerne l'ensemble des rayons : elle est plus longue que la moitié de la longueur du disque. Il y a deux nageoires dorsales. La première compte six rayons épineux. La seconde compte un rayon dur et 11 rayons mous. La mâchoire inférieure porte des canines présentes dans les deux sexes. Les dents symphyséales sont plus fortes que leurs voisines. Les dents sont tricuspides à la mâchoire supérieure. Il existe trois encoches peu prononcées sur le bord de la lèvre supérieure. La nuque et le ventre sont écailleux. Les écailles de la partie antérieure du corps sont plus petites que celles des flancs et de la base de la caudale. Il y a 66 à 70 écailles en ligne longitudinale. Cette espèce présente un dichroïsme sexuel : le mâle se différencie de la femelle par une tache ovalaire d'un noir mat située à la base des rayons de la nageoire caudale et à l'extrémité du pédoncule caudal. Les lèvres sont bleutées ainsi que les flancs. Six à sept bandes noirâtres transversales sont plus ou moins visibles. La nageoire anale bleutée est bordée de noir. La nageoire caudale est bordée de jaune. La taille maximale est voisine de 9 cm.

Biologie

Cette espèce, diurne, est observable sur les fonds de cailloux et de galets des eaux courantes. Elle est très rhéophile, capable de franchir les cascades. Elle colonise toutes les rivières du cours inférieur jusqu'au cours supérieur. Elle est phytophage. Elle se nourrit essentiellement des diatomées fixées sur les rochers qu'elle racle avec ses dents. C'est une espèce amphidrome : les femelles pondent dans l'eau douce de très nombreux ovules fertilisés ensuite par les mâles. Les larves, entrainées par le courant, gagnent la mer où la durée de leur séjour est inconnue. Les jeunes alevins formeraient des bancs lorsqu'ils retournent dans l'eau douce pour y poursuivre leur croissance.

Distribution

Cette espèce est endémique aux îles Marquises.

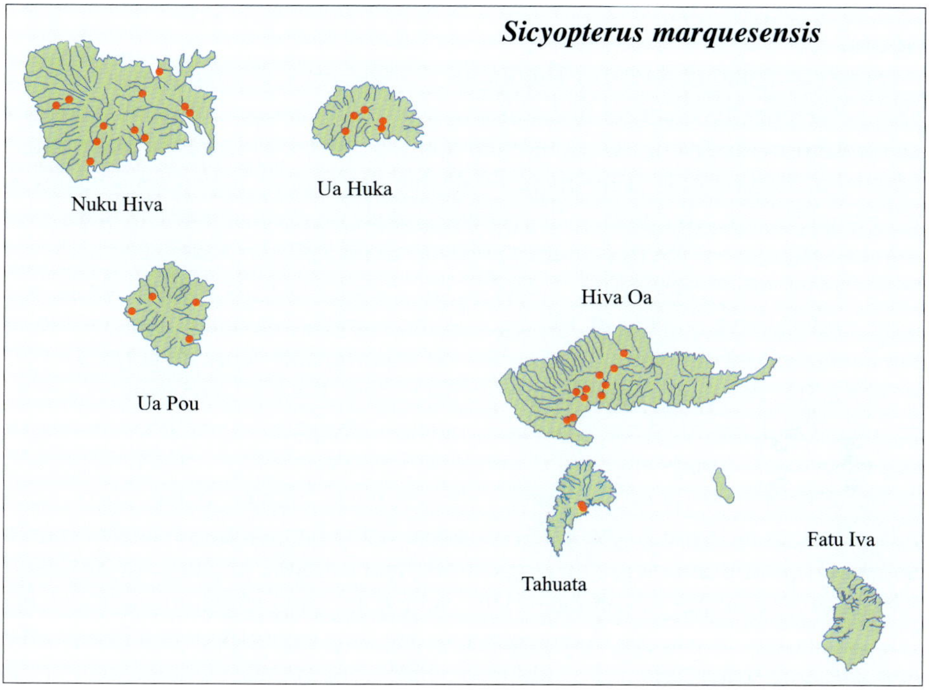
Sicyopterus marquesensis
Nuku Hiva
Ua Huka
Ua Pou
Hiva Oa
Tahuata
Fatu Iva

E. Vigneux

Sicyopterus pugnans (Ogilvie-Grant, 1884)

apiri (adulte), ina'a (jeune) (S) ; sicyoptère combattant (F)

Description

Le corps est assez allongé et cylindrique ; la tête est légèrement déprimée. Les nageoires pelviennes forment un disque servant de ventouse qui adhère à l'abdomen. La base d'insertion du disque sur l'abdomen concerne l'ensemble des rayons : elle est plus longue que la moitié de la longueur du disque. Il y a deux nageoires dorsales. La première compte six rayons épineux. La seconde compte un rayon dur et 10 rayons mous. La mâchoire inférieure porte des canines présentes dans les deux sexes. Les dents sont bilobées à la mâchoire supérieure. L'espèce est caractérisée par le bord de la lèvre supérieure entièrement crénelé et l'absence d'une encoche médiane bien visible. La nuque et le ventre sont écailleux. Les écailles de la partie antérieure du corps sont plus grandes que celles des flancs et de la base de la caudale. Il y a 62 à 65 écailles en ligne longitudinale. On distingue deux phases de couleur : une jaune et une bleutée avec des barres transverses. Certains spécimens en phase jaune conservent, très atténuées, les barres caractéristiques de la phase bleutée. Dans la phase bleutée, la tête est parsemée de points bleuâtres et la joue, sous l'œil, est ornée d'une bandelette verticale noire qui traverse l'iris. La partie supérieure du corps et des flancs montre le plus souvent 6 larges bandes transverses quelque peu obliques. Une tache noire quadrangulaire ou triangulaire englobe dorsalement la base de la nageoire caudale. Sur les lobes dorsal et ventral de cette dernière, une bandelette noire sub-horizontale et marginale est largement bordée extérieurement de blanc. Chez le mâle juvénile l'isthme de la gorge est pigmenté de noir. La pigmentation est plus intense et en forme d'Y chez l'adulte. Dans la phase jaune, la tête est parsemée de points jaune-orange ; une bandelette noire sous-oculaire est présente. Les bandes noires de la caudale sont jaune-orange, bordées de hyalin. Le mâle ne présente pas de coloration noire sur l'isthme de la gorge. La taille maximale est de 8 à 9 cm.

Biologie

Cette espèce, diurne, est observable sur des fonds de cailloux et de galets en eaux courantes. Elle est sympatrique de *S. lagocephalus* mais elle est nettement moins rhéophile. Elle ne semble pas capable de franchir les cascades. Elle colonise donc toutes les rivières en aval de celles-ci, là où le courant est le plus faible. Elle est phytophage. Elle se nourrit essentiellement des diatomées fixées sur les rochers qu'elle racle avec ses dents. C'est une espèce amphidrome. Les femelles pondent dans l'eau douce . Les larves, entrainées par le courant, gagnent la mer où la durée de leur séjour est inconnu. Les jeunes alevins appelés ina'a retournent dans l'eau douce pour y poursuivre leur croissance. Les individus de cette espèce sont minoritaires (de l'ordre de 10%) par rapport à ceux de *S. lagocephalus* dans les pêches d'ina'a.

Distribution

Cette espèce serait présente dans les îles du Pacifique central comme Fidji et Samoa, mais cela reste à vérifier. En Polynésie française, elle est présente uniquement dans l'archipel de la Société et pourrait y être endémique.

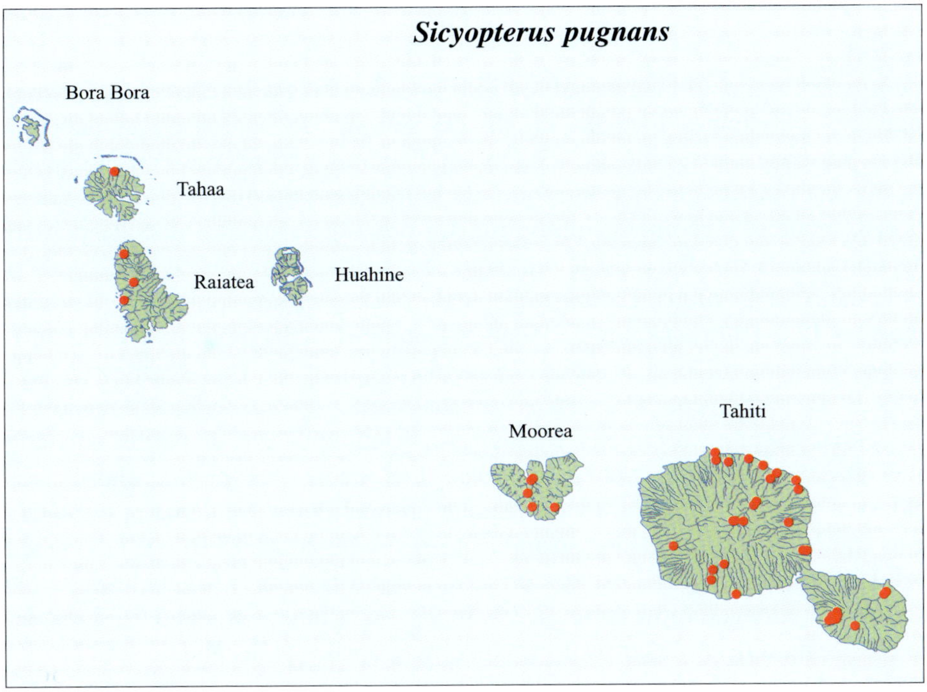
Sicyopterus pugnans
Bora Bora
Tahaa
Raiatea
Huahine
Moorea
Tahiti

E. Vigneux

Sicyopterus rapa Parenti et Maciolek, 1996
kokopu (A) ; sicyoptère de Rapa (F)

Description

Le corps est assez allongé et sub-cylindrique. la tête est légèrement déprimée. Les nageoires pelviennes forment un disque servant de ventouse qui adhère à l'abdomen. La base d'insertion du disque sur l'abdomen concerne l'ensemble des rayons : elle est plus longue que la moitié de la longueur du disque. Le museau est arrondi et la bouche légèrement inférieure. La première nageoire dorsale possède 6 rayons épineux, le troisième est le plus long. La seconde nageoire dorsale possède 1 rayon épineux et 11 mous. La nageoire anale porte 1 rayon épineux et 10 mous, les pectorales 17 à 19 rayons, les pelviennes 1 épineux et 10 mous et la caudale 13 à 15 rayons branchus. Il y a 5 rayons branchiostèges et 44 à 62 écailles en série longitudinale. La partie ventrale du corps est sans écailles (ou partiellement recouverte d'écailles) chez les gros spécimens. La lèvre supérieure possède de petites encoches médianes et de grosses encoches latérales. Les dents des prémaxillaires sont tricuspides ; il y en a à peu près 45 sur chaque prémaxillaire. Le dentaire possède 2 à 11 dents caniniformes. La tête est arrondie et représente 20,2 à 25,9% de la longueur standard. Le diamètre de l'œil est compris 2,2 à 4,2 fois dans la longueur de la tête et la longueur prédorsale représente 32,3 à 38,9% de la longueur standard. L'espèce est bleu foncée à noire sur le corps. Les nageoires dorsales et la caudale sont brunes, légèrement hyalines. La nageoire anale est bleutée. Il existe un point rouge sur le sommet de la tête entre les deux yeux. Taille maximale comprise entre 6,5 et 8 cm.

Biologie

Cette espèce, diurne, est observable sur des fonds de cailloux et de galets des eaux courantes. Elle colonise toutes les rivières du cours inférieur jusqu'au cours supérieur. Elle est très rhéophile, capable de franchir les cascades. Elle est phytophage. Elle se nourrit essentiellement des diatomées fixées sur les rochers qu'elle racle avec ses dents. C'est une espèce amphidrome : les femelles pondent dans l'eau douce de très nombreux ovules fertilisés ensuite par les mâles. Les larves, entraînées par le courant, gagnent la mer où la durée de leur séjour est inconnue. Les jeunes alevins forment des bancs lorsqu'ils retournent dans l'eau douce pour y poursuivre leur croissance.

Distribution

L'espèce est connue seulement dans les rivières de Rapa et y semble endémique.

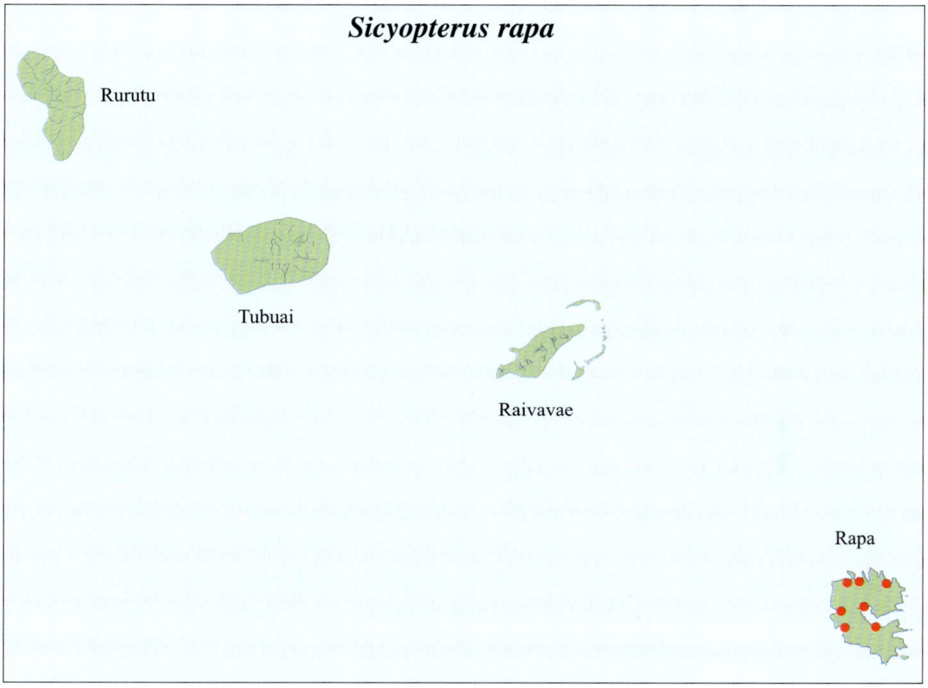

E. Vigneux

Stenogobius (Insularigobius) caudimaculosus Watson, 1991
kikopu (M) ; gobie à queue tacheté (F)

Description

Le corps est allongé, quasi cylindrique et légèrement comprimé. La mâchoire inférieure, qui présente plusieurs rangées de dents, est plus longue que la mâchoire supérieure. Les nageoires pelviennes sont soudées, allongées, non adhérentes à l'abdomen. La nageoire caudale est lancéolée et est plus longue que la tête. Il y a deux nageoires dorsales. La première possède 6 rayons épineux dont certains sont filamenteux. La seconde porte un rayon épineux et 11 rayons branchus. Les nageoires pectorales possèdent 14 à 16 rayons. La nageoire anale a 11 rayons branchus. Il y a 48 à 52 écailles le long d'une série longitudinale. La partie prédorsale présente des zones dépourvues d'écailles. Le corps est brun grisâtre et strié de plusieurs bandes foncées verticales plus ou moins visibles. Il existe une barre noirâtre et oblique sous l'œil. Une ou deux taches noires sont visibles sur le pédoncule caudal. La longueur du pédoncule caudal est comprise entre 14 et 16% de la longueur standard. Le dimorphisme sexuel est bien développé : chez les mâles adultes, la longueur des mâchoires est plus grande, les nageoires sont plus allongées, les dents sont plus nombreuses et plus grandes sur les deux mâchoires. Cette espèce présente un dichroïsme sexuel : chez le mâle, les bandes transversales sont plus nombreuses et plus nettes, elles débutent derrière la base de la nageoire pectorale ; chez la femelle, elles débutent au niveau de la deuxième nageoire dorsale. Les tailles maximales sont de 7 cm pour le mâle et pour la femelle.

Biologie

Cette espèce, diurne, est observable sur les fonds sableux des cours inférieurs. Elle est détritivore et se nourrit de particules sableuses, de détritus et d'algues… La biologie d'une espèce voisine *Stenogobius hawaiiensis* est connue. L'espèce est amphidrome : la femelle libère des ovules dans un site surveillé par un mâle dominant ; ils sont ensuite fertilisés par ce dernier. Les mâles assurent la garde des œufs jusqu'à l'éclosion des larves. Ces dernières gagnent la mer où la durée de leur séjour est de 3 à 5 mois. Les jeunes alevins retournent, de nuit, dans l'eau douce pour y poursuivre leur croissance.

Distribution

Cette espèce est endémique à l'île de Nuku Hiva (archipel des Marquises). La forme qui existe à Ua Huka, *S. cf. caudimaculosus* est très proche.

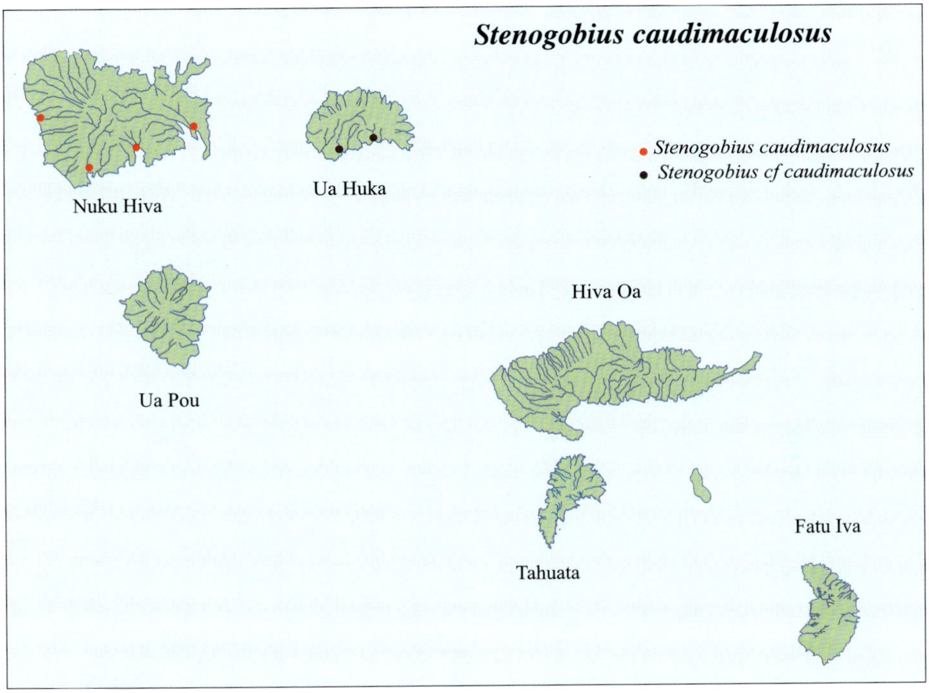
Stenogobius caudimaculosus
Stenogobius caudimaculosus
Stenogobius cf caudimaculosus
Nuku Hiva
Ua Huka
Ua Pou
Hiva Oa
Tahuata
Fatu Iva

E. Vigneux

Stenogobius (Insularigobius) genivittatus (Valenciennes, 1837)
o'opu (S) ; gobie rayé (F)

Description

Le corps est allongé, quasi cylindrique et légèrement comprimé. La mâchoire inférieure, qui présente plusieurs rangées de dents, est plus longue que la mâchoire supérieure. Les nageoires pelviennes sont soudées, allongées, non adhérentes à l'abdomen. La nageoire caudale lancéolée est plus longue que la tête. Il y a deux nageoires dorsales. La première possède 6 rayons épineux dont certains sont filamenteux. La seconde porte un rayon épineux et 10 à 11 rayons branchus. Les nageoires pectorales possèdent 15 à 16 rayons. La nageoire anale a 10 à 12 rayons branchus. Il y a 46 à 51 écailles le long d'une série longitudinale, le plus souvent 48 ou 49. Le corps est brun-grisâtre et strié de plusieurs bandes foncées verticales plus ou moins visibles. Il existe une barre noirâtre et oblique sous l'œil. On note l'absence d'une ou de deux taches noires sur le pédoncule caudal. Le dimorphisme sexuel est bien développé : chez les mâles adultes, la longueur des mâchoires est plus grande, les nageoires sont plus allongées, les dents sont plus nombreuses et plus grandes sur les deux mâchoires. Cette espèce présente un dichroïsme sexuel : chez le mâle, les bandes transversales sont plus nombreuses et plus nettes, elles débutent derrière la base de la nageoire pectorale ; chez la femelle elles débutent au niveau de la deuxième nageoire dorsale. Les tailles maximales sont de 8 cm pour le mâle et de 7 cm pour la femelle.

Biologie

Cette espèce, diurne, est observable sur les fonds sableux parsemés de blocs des cours inférieurs. Elle est détritivore. Les contenus stomacaux consistent en de fines particules sableuses mêlées à des détritus et des algues. Les individus recherchent un abri sous les végétaux ou les pierres lorsqu'ils sont effrayés. La biologie d'une espèce voisine *Stenogobius hawaiiensis* est connue. L'espèce est amphidrome : la femelle libère des ovules dans un site surveillé par un mâle dominant ; ils sont ensuite fertilisés par ce dernier. Les mâles assurent la garde des œufs jusqu'à l'éclosion des larves. Ces dernières gagnent la mer où la durée de leur séjour est de 3 à 5 mois. Les jeunes alevins retournent, de nuit, dans l'eau douce pour y poursuivre leur croissance.

Distribution

Cette espèce est endémique à l'archipel de la Société.

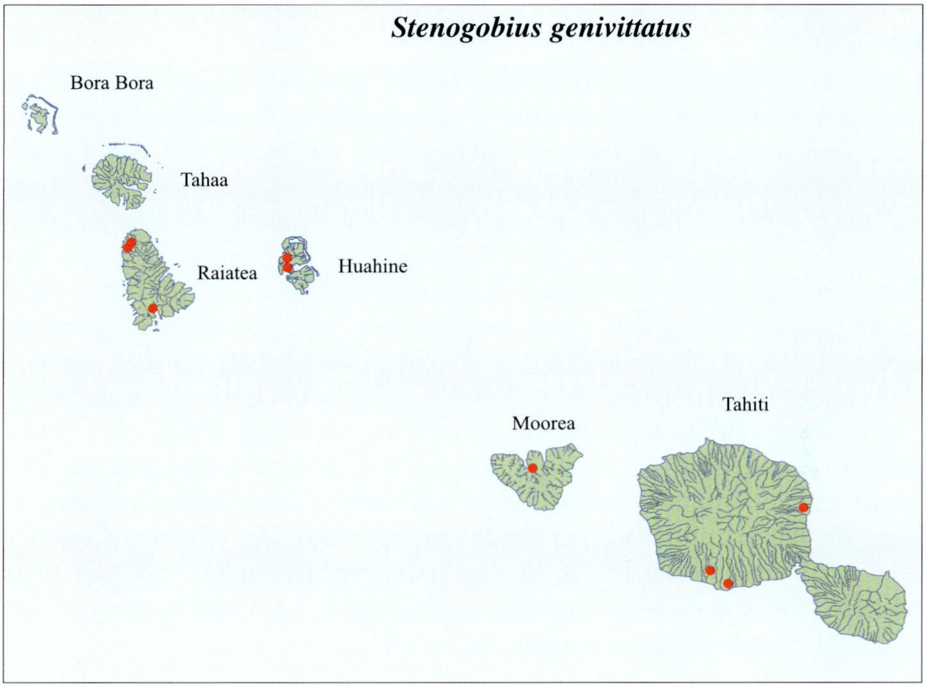
Stenogobius genivittatus
Bora Bora
Tahaa
Raiatea
Huahine
Moorea
Tahiti

E. Vigneux

Stenogobius (Insularigobius) marqueti Watson, 1991
kikopu (M) ; gobie de Marquet (F)

Description

Le corps est allongé, quasi cylindrique et légèrement comprimé. La mâchoire inférieure qui présente plusieurs rangées de dents, est plus longue que la mâchoire supérieure. Les nageoires pelviennes sont soudées, allongées, non adhérentes à l'abdomen. La nageoire caudale est lancéolée et est plus longue que la tête. Il y a deux nageoires dorsales. La première possède 6 rayons épineux dont certains sont filamenteux. La seconde porte un rayon épineux et 10 à 11 rayons branchus. Les nageoires pectorales ont 15 à 16 rayons. La nageoire anale a 11 rayons branchus.Il y a 48 à 51 écailles le long d'une série longitudinale. Le corps est brun grisâtre et strié de plusieurs bandes foncées verticales plus ou moins visibles. Il existe une barre noirâtre et oblique sous l'œil. Une ou deux taches noires sont visibles sur le pédoncule caudal. Le dimorphisme sexuel est bien développé : chez les mâles adultes, la longueur des mâchoires est plus grande, les nageoires sont plus allongées, les dents sont plus nombreuses et plus grandes sur les deux mâchoires. Cette espèce présente un dichroïsme sexuel : chez le mâle, les bandes transversales sont plus nombreuses et plus nettes, elles débutent derrière la base de la nageoire pectorale ; chez la femelle, elles débutent au niveau de la deuxième nageoire dorsale. Les tailles maximales sont de 7,5 cm pour le mâle et de 6,5 cm pour la femelle.

Biologie

Cette espèce, diurne, vit sur les fonds sableux et caillouteux des cours inférieurs. Elle est détritivore. Les contenus stomacaux livrent de fines particules sableuses, des détritus, des algues. La biologie d'une espèce voisine *Stenogobius hawaiiensis* est connue. L'espèce est amphidrome : la femelle libère des ovules dans un site surveillé par un mâle dominant ; ils sont ensuite fertilisés par ce dernier. Les mâles gardent les œufs jusqu'à l'éclosion des larves. Ces dernières gagnent la mer où la durée de leur séjour est de 3 à 5 mois. Les jeunes alevins retournent, de nuit, dans l'eau douce pour y poursuivre leur croissance.

Distribution

Cette espèce est endémique à l'île d'Hiva Oa (archipel des Marquises).

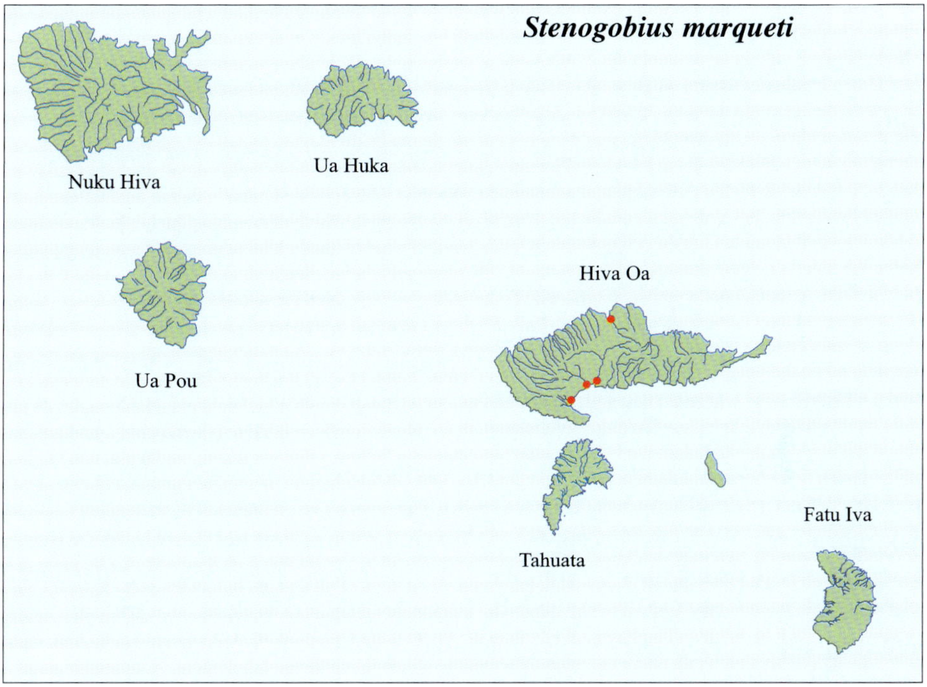
Stenogobius marqueti
Nuku Hiva
Ua Huka
Ua Pou
Hiva Oa
Tahuata
Fatu Iva

E. Vigneux

Stenogobius (Insularigobius) randalli Watson, 1991
kokopu (A) ; gobie de Randall (F)

Description

Le corps est allongé, quasi cylindrique et légèrement comprimé. La mâchoire inférieure, qui présente plusieurs rangées de dents, est plus longue que la mâchoire supérieure. Les nageoires pelviennes sont soudées, allongées, non adhérentes à l'abdomen. La nageoire caudale est lancéolée et est plus longue que la tête. Il y a deux nageoires dorsales. La première possède 6 rayons épineux dont certains sont filamenteux. La seconde porte un rayon épineux et 10 à 11 rayons branchus. Les nageoires pectorales ont 15 à 16 rayons. La nageoire anale a 10 à 12 rayons branchus. Il y a 49 à 52 écailles le long d'une série longitudinale, le plus souvent 50 à 52. Le corps est brun grisâtre et strié de plusieurs bandes foncées verticales plus ou moins visibles. Il existe une barre noirâtre et oblique sous l'œil. On note l'absence d'une ou de deux taches noires sur le pédoncule caudal. Le dimorphisme sexuel est bien développé : chez les mâles adultes, la longueur des mâchoires est plus grande, les nageoires sont plus allongées, les dents sont plus nombreuses et plus grandes sur les deux mâchoires. Cette espèce présente un dichroïsme sexuel : chez le mâle, les bandes transversales sont plus nombreuses et plus nettes, elles débutent derrière la base de la nageoire pectorale ; chez la femelle elles débutent au niveau de la deuxième nageoire dorsale. Les tailles maximales sont de 8,5 cm pour le mâle et de 7,5 cm pour la femelle.

Biologie

Cette espèce, diurne, vit sur les fonds sableux, avec des cailloux de place en place, dans les cours inférieurs. Elle est détritivore. Les individus recherchent un abri dans le substrat végétal ou non, lorsqu'ils sont effrayés. La biologie d'une espèce voisine *Stenogobius hawaiiensis* est connue. L'espèce est amphidrome : la femelle libère des ovules dans un site surveillé par un mâle dominant ; ils sont ensuite fertilisés par ce dernier. Les mâles assurent la garde des œufs jusqu'à l'éclosion des larves. Ces dernières gagnent la mer où la durée de leur séjour est de 3 à 5 mois. Les jeunes alevins retournent, de nuit, dans l'eau douce pour y poursuivre leur croissance.

Distribution

Cette espèce est endémique à l'archipel des Australes. Elle n'était connue que de Tubuai et a été trouvée à Rurutu dans le cadre de la réalisation de cet ouvrage.

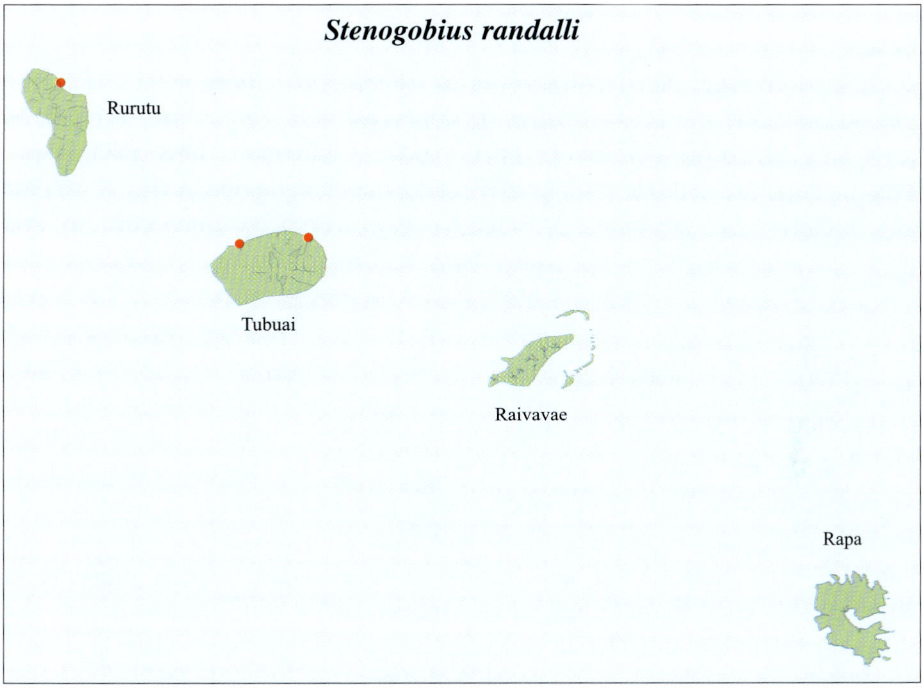

E. Vigneux

Stenogobius (Insularigobius) squamosus Watson, 1991
kikopu (M) ; gobie écailleux (F)

Description

Le corps est allongé, quasi cylindrique et légèrement comprimé. La mâchoire inférieure qui présente plusieurs rangées de dents, est plus longue que la mâchoire supérieure. Les nageoires pelviennes sont soudées, allongées, non adhérentes à l'abdomen. La nageoire caudale est lancéolée et est plus longue que la tête. Il y a deux nageoires dorsales. La première possède 6 rayons épineux dont certains sont filamenteux. La seconde porte un rayon épineux et 11 rayons branchus. Les nageoires pectorales ont 15 rayons. La nageoire anale a 11 à 12 rayons branchus. Il y a 49 à 51 écailles le long d'une série longitudinale. La partie prédorsale est entièrement pourvue d'écailles. Le corps est brun-grisâtre et strié de plusieurs bandes foncées verticales plus ou moins visibles. Il existe une barre noirâtre et oblique sous l'œil. Une ou deux taches noires sont visibles sur le pédoncule caudal. La longueur du pédoncule caudal est comprise entre 14 et 16% de la longueur standard. Le dimorphisme sexuel est bien développé : chez les mâles adultes, la longueur des mâchoires est plus grande, les nageoires sont plus allongées, les dents sont plus nombreuses et plus grandes sur les deux mâchoires. Cette espèce présente un dichroïsme sexuel : chez le mâle, les bandes transversales sont plus nombreuses et plus nettes, elles débutent derrière la base de la nageoire pectorale ; chez la femelle elles débutent au niveau de la deuxième nageoire dorsale. La taille maximale est de 7,5 cm pour le mâle et pour la femelle.

Biologie

Cette espèce, diurne, est observable sur les fonds sableux des cours inférieurs. Elle est détritivore. Les contenus stomacaux livrent de fines particules sableuses, des détritus, des algues. La biologie d'une espèce voisine *Stenogobius hawaiiensis* est connue. L'espèce est amphidrome : la femelle libère des ovules dans un site surveillé par un mâle dominant ; ils sont ensuite fertilisés par ce dernier. Les mâles assurent la garde des œufs jusqu'à l'éclosion des larves. Ces dernières gagnent la mer où la durée de leur séjour est de 3 à 5 mois. Les jeunes alevins retournent, de nuit, dans l'eau douce pour y poursuivre leur croissance.

Distribution

Cette espèce est endémique à l'île de Ua Pou (archipel des Marquises).

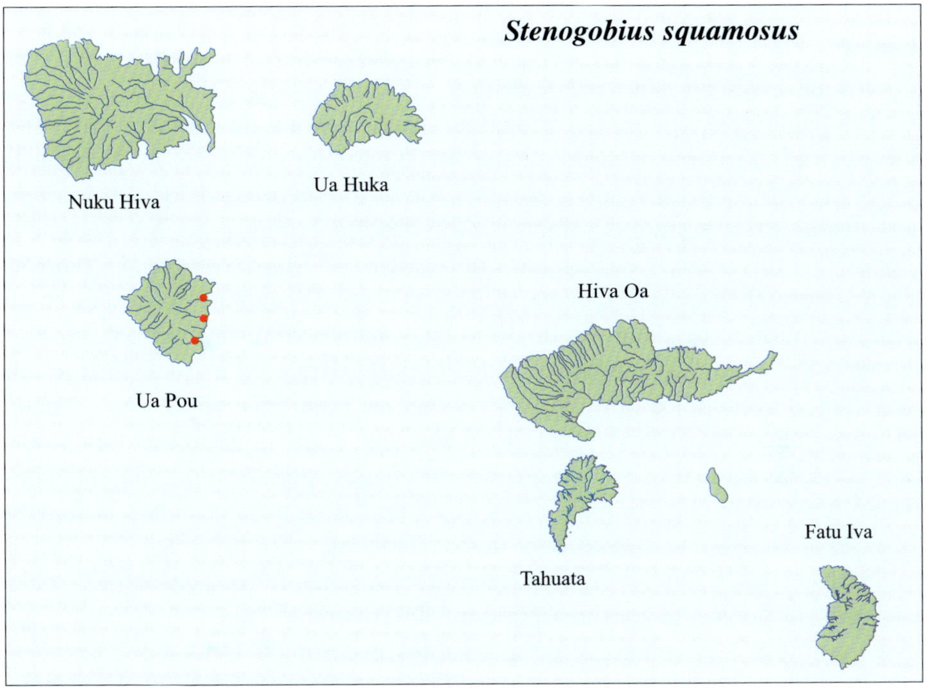
Stenogobius squamosus
Nuku Hiva
Ua Huka
Ua Pou
Hiva Oa
Tahuata
Fatu Iva

E. Vigneux

Sicyopus (Smilosicyopus) bitaeniatus Maugé, Marquet & Laboute, 1992
sicyopus à deux bandes (F)

Description

Le corps est assez allongé et cylindrique. La tête est déprimée. Les lèvres sont épaisses. Les nageoires pelviennes forment un disque servant de ventouse qui adhère à l'abdomen. La base d'insertion du disque sur l'abdomen concerne uniquement les cinquièmes rayons : elle est égale à la moitié de la longueur du disque. Il y a deux nageoires dorsales. La première compte six rayons épineux. La seconde compte un rayon dur et 9 rayons mous. Les nageoires pectorales ont 14 à 16 rayons. La nageoire anale a 8 à 10 rayons branchus. Chaque mâchoire porte des canines disposées en une seule série. Le nombre de dents est de 16 à 25 à chaque demi-mâchoire supérieure. La mâchoire inférieure ne porte pas de dents labiales. Il y a 30 à 46 écailles le long d'une série longitudinale. Le dimorphisme sexuel est bien développé. Les nageoires dorsales sont plus développées chez le mâle que chez la femelle. Les rayons postérieurs de la seconde dorsale, lorsqu'elle est rabattue, dépassent largement la base de la nageoire caudale chez le mâle alors qu'ils ne l'atteignent pas chez la femelle. Le nom de *bitaeniatus* fait référence à deux bandelettes noires situées sur la tête. La première traverse la joue et se poursuit sur les rayons de la nageoire pectorale ; la seconde va de l'œil à la partie supérieure de l'opercule. Six à huit bandelettes transverses noirâtres sont plus ou moins visibles à partir de la nageoire pectorale jusqu'à la base de la nageoire caudale. La nageoire anale a un liseré blanc bleuâtre. Les femelles matures ont le ventre rougeâtre. La taille maximale est de 3,5 cm.

Biologie

Cette espèce, diurne, est observable sur les fonds de cailloux et de galets. Elle est rhéophile et fréquente les zones de courant du cours inférieur (partie haute) au cours moyen. Elle est carnivore, se nourrissant de petits invertébrés aquatiques. La biologie d'une espèce voisine *Sicyopus jonklaasi* du Sri Lanka est connue. L'espèce est amphidrome : les femelles, après la pluie, pondent dans l'eau douce plusieurs centaines d'ovules fertilisés ensuite par les mâles. Les larves, entrainées par le courant, gagnent la mer où la durée de leur séjour est inconnue. Les jeunes alevins retournent ensuite dans l'eau douce pour y poursuivre leur croissance.

Distribution

Cette espèce est endémique des îles Marquises. Elle a été trouvée sur chaque île prospectée mais semble plus rare à Nuku Hiva.

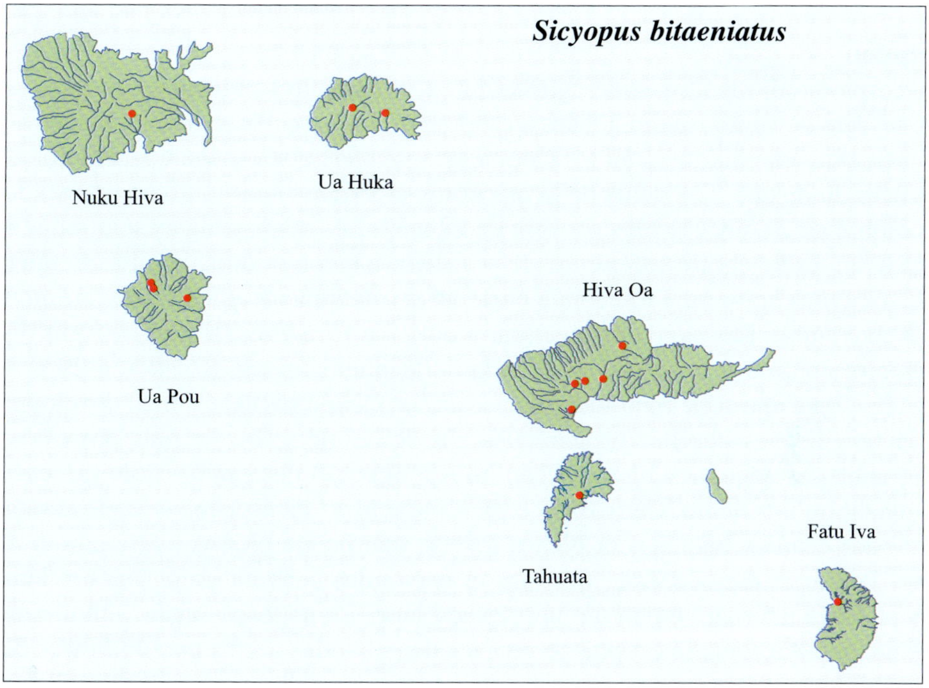
Sicyopus bitaeniatus
Nuku Hiva
Ua Huka
Ua Pou
Hiva Oa
Tahuata
Fatu Iva

E. Vigneux

Stiphodon elegans (Steindachner, 1879)

tuivi (S); kokopu (A); stiphodon élégant (F)

Description

Le corps est allongé, presque cylindrique. Les nageoires pelviennes forment un disque servant de ventouse qui adhère à l'abdomen. La base d'insertion du disque sur l'abdomen concerne uniquement les cinquièmes rayons : elle est égale à la moitié de la longueur du disque. Les dents de la mâchoire supérieure sont toujours tricuspides et au nombre de 24 à 35, le plus souvent de 27 à 33. Les dents labiales sont toujours présentes sur la mâchoire inférieure. Il y a deux nageoires dorsales. La première possède 6 rayons épineux. La seconde porte un rayon épineux et 8 à 10 rayons mous (le plus souvent 9). Les nageoires pectorales ont 13 à 15 rayons (le plus souvent 14). La nageoire anale a 9 à 10 rayons branchus (le plus souvent 10). Il y a 29 à 39 écailles le long d'une série longitudinale. Le dimorphisme sexuel est bien développé. Chez la femelle, les papilles urogénitales ont des prolongements plus prononcés. Chez le mâle, les nageoires impaires sont plus longues et des canines sont présentes sur la mâchoire inférieure. Cette espèce présente un fort dichroïsme sexuel : le mâle présente des écailles blanches et bleues irisées, une bande bleu verdâtre autour du museau. Les nageoires caudale, dorsales et pectorales souvent orangées, ont leurs rayons tachetés alternativement de noir et de blanc. La nageoire anale, sombre, est bordée de bleu. La femelle est plus terne avec deux bandes noires longitudinales. La bande inférieure s'étend de l'extrémité du museau jusqu'à la base de la nageoire caudale ; la bande supérieure relie l'œil aux derniers rayons de la seconde dorsale ; elle est atténuée en avant de l'œil. La membrane des nageoires dorsales entre les rayons est orangée. La première dorsale a parfois un liseré rouge sur le bord supérieur. La taille maximale est de 4,3 cm.

Biologie

Cette espèce, diurne, est observable sur des fonds ensoleillés de sable, de graviers, de cailloux et de galets, dans les eaux courantes des cours inférieurs et moyens des rivières. Elle est peu rhéophile. Elle est incapable de franchir les cascades. Elle colonise donc, dans les eaux calmes, toutes les rivières en aval de celles-ci. Elle est phytophage. Elle se nourrit essentiellement de diatomées qu'elle racle avec ses dents. C'est une espèce amphidrome : les femelles pondent dans l'eau douce de très nombreux ovules fertilisés par les mâles. Les larves, entraînées par le courant, gagnent la mer où la durée de leur séjour est inconnue. Les jeunes alevins retournent ensuite dans l'eau douce pour y poursuivre leur croissance.

Distribution

Cette espèce a une vaste répartition dans les îles volcaniques du Pacifique central. En Polynésie française, elle fréquente les archipels des Australes et de la Société.

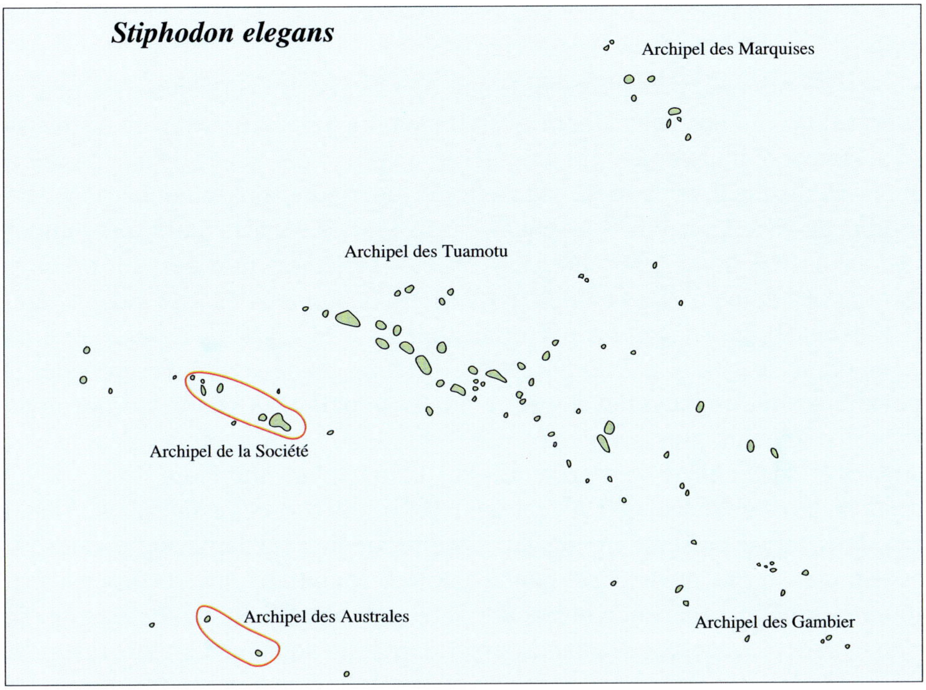
Stiphodon elegans
Archipel des Marquises
Archipel des Tuamotu
Archipel de la Société
Archipel des Australes
Archipel des Gambier

E. Vigneux

Stiphodon discotorquatus Watson, 1995
kokopu (A) ; stiphodon à collier (F)

Description
Le corps est allongé, presque cylindrique. Les nageoires pelviennes forment un disque servant de ventouse qui adhère à l'abdomen. La base d'insertion du disque sur l'abdomen concerne uniquement les cinquièmes rayons : elle est égale à la moitié de la longueur du disque. Les dents de la mâchoire supérieure sont toujours tricuspides et au nombre de 28 à 33, le plus souvent de 32 ou 33. Les dents labiales sont toujours présentes sur la mâchoire inférieure. Il y a deux nageoires dorsales. La première possède 6 rayons épineux. La seconde porte un rayon épineux et 8 à 9 rayons mous (le plus souvent 9). Les nageoires pectorales ont 13 à 14 rayons. La nageoire anale a 10 rayons branchus. Il y a 28 à 34 écailles le long d'une série longitudinale. Le dimorphisme sexuel est bien développé. Chez la femelle, les papilles urogénitales ont des prolongements plus prononcés. Chez le mâle, les nageoires impaires sont plus longues et des canines sont présentes sur la mâchoire inférieure. Cette espèce présente un dichroïsme sexuel : le mâle présente des écailles irisées et une bande bleutée autour du museau ; il présente un anneau sombre médian sur le disque pelvien. La femelle est plus terne avec deux bandes noires longitudinales rectilignes sans discontinuités (tâches). La bande inférieure s'étend de l'extrémité du museau jusqu'à la base de la nageoire caudale ; la bande supérieure relie l'œil aux derniers rayons de la seconde dorsale ; elle est atténuée en avant de l'œil. Les nageoires sont claires avec des rangées de points bruns sur les rayons. C'est une petite espèce, la taille maximale est de 2,7 cm.

Biologie
Cette espèce, diurne, est observable sur des fonds de cailloux et de galets des eaux courantes dans les cours inférieurs et moyens. Elle est peu rhéophile. Elle est incapable de franchir les cascades. Elle colonise donc, dans les eaux calmes, toutes les rivières en aval de celles-ci. Elle est phytophage. Elle se nourrit essentiellement de diatomées qu'elle racle avec ses dents. C'est une espèce amphidrome : les femelles pondent dans l'eau douce de très nombreux ovules fertilisés par les mâles. Les larves, entraînées par le courant, gagnent la mer où la durée de leur séjour est inconnue. Les jeunes alevins retournent ensuite dans l'eau douce pour y poursuivre leur croissance.

Distribution
Cette espèce rare, qui semble endémique à l'archipel des Australes, a été décrite à partir de 4 spécimens découverts en 1985 aux îles de Rurutu et de Tubuaï. Malheureusement, elle n'a pas été retrouvée au cours de nos prospections récentes (juillet 2001) et il est à craindre que la construction des seuils sur les rivières et l'épendage important de pesticides, de fongicides et d'engrais ait conduit l'espèce au bord de l'extinction.

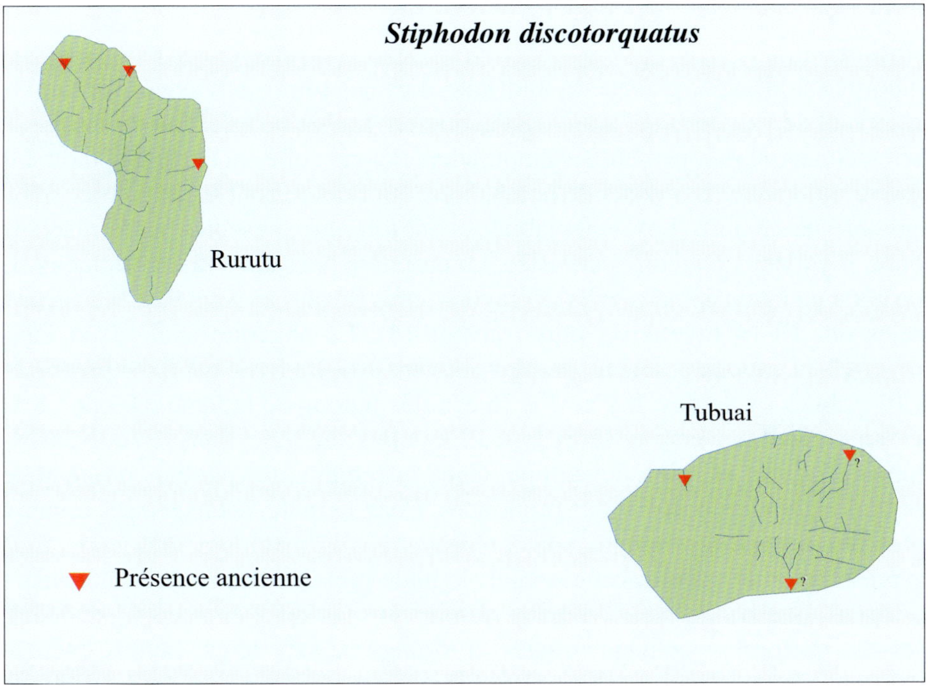
Stiphodon discotorquatus
Rurutu
Tubuai
?
?
Présence ancienne

Stiphodon julieni Keith, Watson et Marquet, 2002
kokopu (A) ; stiphodon de Julien (F)

Description

Le corps est allongé, presque cylindrique. Les nageoires pelviennes forment un disque servant de ventouse qui adhère à l'abdomen. La base d'insertion du disque sur l'abdomen concerne uniquement les cinquièmes rayons : elle est égale à la moitié de la longueur du disque. Les dents de la mâchoire supérieure sont toujours tricuspides et au nombre de 33 à 38. Les dents labiales sont toujours présentes sur la mâchoire inférieure. Il y a deux nageoires dorsales. La première possède 6 rayons épineux. La seconde porte un rayon épineux et 8 ou 9 rayons mous (le plus souvent 9). Les nageoires pectorales ont 13-14 rayons (le plus souvent 14). La nageoire anale a un rayon épineux et 10-11 rayons branchus (le plus souvent 10). La ligne médiane prédorsale a 10 à 14 écailles cycloïdes. Il y a 31 à 36 écailles le long de la ligne latérale ; 8 à 9 écailles en série transverse arrière; 9 à 12 écailles en série transverse avant. Le dimorphisme sexuel est bien développé. Chez la femelle, les papilles urogénitales ont des prolongements parfois plus prononcés. Chez le mâle, les nageoires impaires sont plus longues et des canines sont présentes sur la mâchoire inférieure. Cette espèce présente un fort dichroïsme sexuel : le mâle présente des écailles blanches et bleues irisées, une bande bleue verdâtre autour du museau. Les nageoires caudale, dorsales et pectorales souvent rouges à orangées, ont leurs rayons tachetés alternativement de noir et de blanc. La femelle est plus terne avec deux bandes noires longitudinales. La bande inférieure s'étend de l'extrémité du museau jusqu'à la base de la nageoire caudale, et se transforme en ligne de taches plus on va vers la caudale; la bande supérieure relie l'œil aux derniers rayons de la seconde dorsale voire jusqu'à l'extrémité du pédicule caudal; elle est atténuée en avant de l'œil. La membrane des nageoires dorsales entre les rayons est orangée. La première dorsale a parfois un liseré rouge sur le bord supérieur. La taille maximale est de 53 mm. *Stiphodon julieni* est la plus grande espèce de *Stiphodon* de Polynésie.

Biologie

Cette espèce, diurne, est observable sur des fonds ensoleillés de graviers, de cailloux et de galets dans les eaux courantes dans les cours inférieurs et moyens des rivières. Elle est phytophage et se nourrit essentiellement de diatomées qu'elle racle avec ses dents. C'est une espèce amphidrome : les femelles pondent dans l'eau douce de très nombreux ovules fertilisés par les mâles. Les larves planctoniques sont entraînées par le courant, gagnent la mer où la durée de leur séjour est inconnue. Les jeunes alevins retournent ensuite dans l'eau douce pour y poursuivre leur croissance.

Distribution

Cette espèce est endémique de l'île de Rapa en Polynésie française et les populations sont très réduites. Elle a été découverte dans le cadre de nos inventaires.

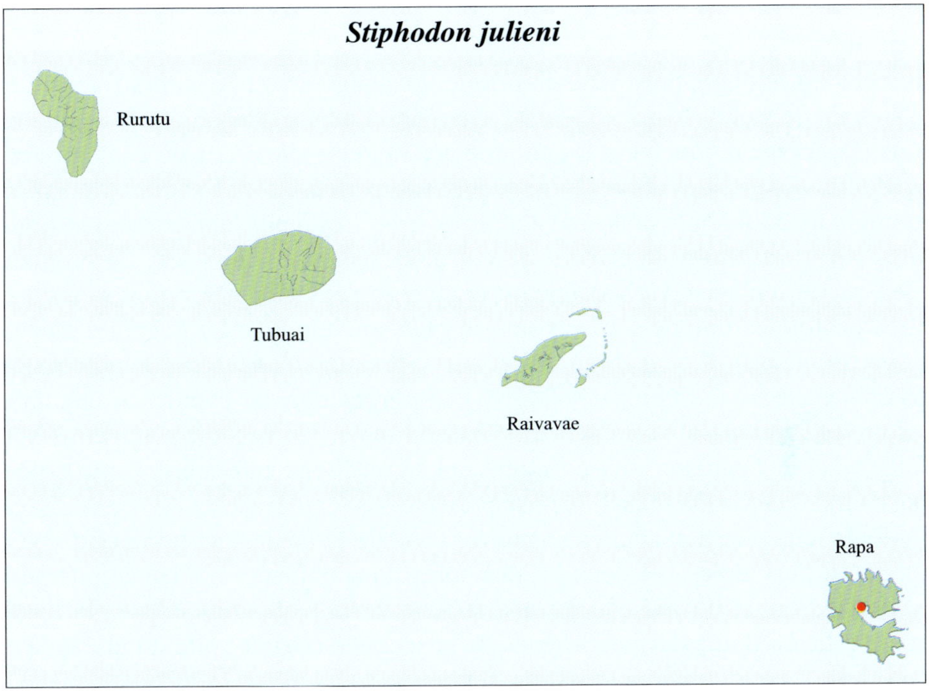

E. Vigneux

Stiphodon tuivi Watson, 1995
tuivi, inaka (M) ; stiphodon des Marquises (F)

Description

Le corps est allongé, presque cylindrique. Les nageoires pelviennes forment un disque servant de ventouse qui adhère à l'abdomen. La base d'insertion du disque sur l'abdomen concerne uniquement les cinquièmes rayons : elle est égale à la moitié de la longueur du disque. Les dents de la mâchoire supérieure sont toujours tricuspides et au nombre de 34 à 53, le plus souvent de 39 à 44. Les dents labiales sont toujours présentes sur la mâchoire inférieure. Il y a deux nageoires dorsales. La première possède 6 rayons épineux. La seconde porte un rayon épineux et 9 rayons mous. Les nageoires pectorales ont 13 à 15 rayons (le plus souvent 14). La nageoire anale a 10 rayons branchus. Il y a 23 à 39 écailles le long d'une série longitudinale. Le dimorphisme sexuel est bien développé. Chez la femelle, les papilles urogénitales ont des prolongements plus prononcés. Chez le mâle, les nageoires impaires sont plus longues et des canines sont présentes sur la mâchoire inférieure. Cette espèce présente un fort dichroïsme sexuel : le mâle présente des écailles bleues ou vertes irisées ; La deuxième nageoire dorsale, les nageoires caudale et anale sont bordées de bleu. La femelle est plus terne avec deux bandes noires longitudinales. La bande inférieure s'étend de l'extrémité du museau jusqu'à la base de la nageoire caudale ; la bande supérieure relie l'œil aux derniers rayons de la seconde dorsale ; elle est atténuée en avant de l'œil. La taille maximale est de 3,3 cm.

Biologie

Cette espèce, diurne, est observable sur des fonds de graviers, de cailloux et de galets dans les eaux courantes des cours inférieurs et moyens des rivières. Le bleu fluorescent des mâles est particulièrement visible lorsqu'ils sont posés au fond de l'eau sur un secteur ensoleillé. L'espèce est peu rhéophile. Elle est incapable de franchir les cascades. Elle colonise donc, dans les eaux calmes, toutes les rivières en aval de celles-ci. Elle est phytophage. Elle se nourrit essentiellement de diatomées qu'elle racle avec ses dents. C'est une espèce amphidrome : les femelles pondent dans l'eau douce de très nombreux ovules fertilisés par les mâles. Les larves, entraînées par le courant, gagnent la mer où la durée de leur séjour est inconnue. Les jeunes alevins retournent ensuite dans l'eau douce pour y poursuivre leur croissance.

Distribution

Cette espèce est endémique à l'archipel des Marquises. Une autre espèce endémique en cours de description et trouvée lors de nos inventaires semble fréquenter certaines îles des Marquises.

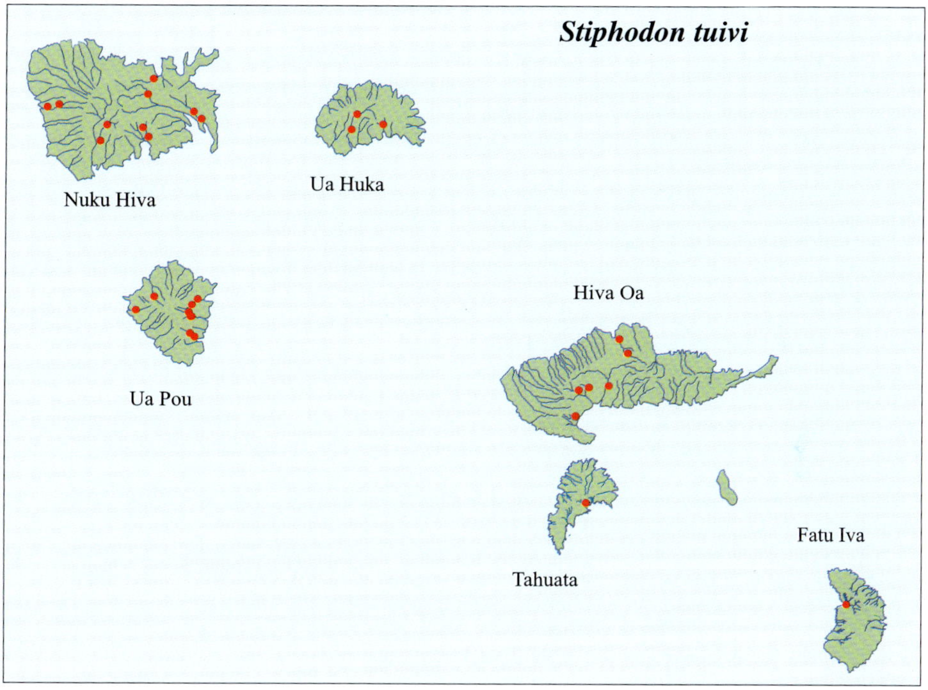
Stiphodon tuivi
Nuku Hiva
Ua Huka
Ua Pou
Hiva Oa
Tahuata
Fatu Iva

E. Vigneux

RÉFÉRENCES BIBLIOGRAPHIQUES

ADAMSON A.M., 1935. Non marine invertebrate fauna of the Marquesas (exclusive of insects). *Occ. Papers Bernice P. Bishop Mus.*, 11(10) : 1-39.

ALLEN G.R., 1991. Field guide to the freshwater fishes of New Guinea, Pub. 9, Christensen Research Institute ed., 268 p.

ATKINSON J.M., 1977. Larval development of a freshwater prawn, *Macrobrachium lar* (Decapoda, *Palaemonidae*), reared in the laboratory. *Crustaceana*, 33(2) : 119-132.

BANARESCU P., 1990. Zoogeography of freshwater. General distribution and dispersal of freshwaters animals. Aula Verlag ed., Wiesbaden, 1 : 1-511.

BARCELO A., 1991. Étude des préférences d'habitat du *Sicyopterus lagocephalus*, poisson Gobiidae migrateur euryhalin des rivières de l'île de la Réunion. Rapport d'Ingéniorat, Institut des Sciences de l'Ingénieur de Montpellier, Sciences et Technologies de l'Eau, 34 p.

BOULENGER G.A., 1895. Catalogue of the Perciform fishes in the British Museum. Taylor and Francis ed., London, 1 : 40 p.

BOUVIER E.L., 1925. Recherches sur la morphologie, les variations, la distribution géographique des crevettes de la famille des Atyidés. *Enc. Entomol.*, Paris, 4 : 1-370.

BROWN, T.W. 1976. Preliminary report on the potential for *Chanos chanos* (milkfish) culture in French Polynesia. 13 september 1976.

CARPENTER A., 1978. Protandry in the freshwater shrimp, *Paratya curvirostris* (Heller, 1862) (Decapoda : Atyidae), with a review of the phenomenon and its significance in the Decapoda. *J. royal soc. New Zeal.*, 3(4) : 343-358.

CASTLE P.H.J., 1984a. Anguillidae. In FAO species identification sheets for fishery purposes. Wester Indian Ocean (Fishing area 51), W. Fischer & G. Bianchi eds, vol. 9.

CASTLE P.H.J., 1984b. Anguillidae. In Check-list of the freshwater fishes of Africa/Catalogue des poissons d'eau douce d'Afrique. Daget, Gosse & Thys van den Audenaerde eds, ORSTOM, Paris/MRAC Tervuren.

CASTLE P.H.J., 1984c. Ophichthidae. In FAO species identification sheets for fishery purposes. Western Indian Ocean (Fishing area 51), W. Fischer & G. Bianchi eds, vol. 3.

CHACE F.A. Jr, 1983. The Atya-like shrimps of the Indo-Pacific Region (Decapoda : Atyidae). *Smiths. contrib. zool.*, 384 : 1-54.

CHACE F.A. Jr, 1997. The Caridean Shrimps (Crustacea : Decapoda) of the Albatross Philippine Expedition, 1907-1910, Part 7 : Families Atyidae, Eugonatonotidae, Rhynchocinetidae, Bathypalaemonellidae, Processidae, and Hippolytidae. *Smiths. contrib. zool.*, 587 : 1-106.

CHACE F.A. Jr, BRUCE A.J., 1993. The Caridean Shrimps (Crustacea : Decapoda) of the Albatross Philippine Expedition 1907-1910, Part 6 : Superfamily Palaemonoidea. *Smiths. contrib. zool.*, 543 : 1-152.

CHOY S.C., 1984. On the freshwater palaemonid prawns from the Fiji Islands (Decapoda, Caridea). *Crustaceana*, 47(3) : 269-277.

CHOY S.C., 1991. The Atyid shrimps of Fiji with description of a new species. *Zoöl. Med.*, 65 : 342-362.

COMITE PISCICULTURE SEO, 1927. Pisciculture. *Bull. Soc. Etudes Océan.*, 20 : 283-284.

CUVIER G., VALENCIENNES A., 1837. Histoire Naturelle des poissons. 22 volumes.

DAWSON C.E., 1979. Review of the polytypic Doryrhamphine Pipefish *Oostethus brachyurus* (Bleeker). *Bull. mar. sci.*, 29(4) : 465-480.

DAWSON C.E., 1984. Revision of the genus *Microphis* Kaup (Pisces : Syngnathidae). *Bull. mar. sci.*, 35(2) : 117-181.

DAWSON C.E., 1985. Indo-Pacific Pipefishes (Red Sea to the Americas). Allen Press Inc. ed., 230 p.

DAWSON C.E., 1986a. Family n° 145 : Syngnathidae. *In* Smiths'sea Fishes, M.M. Smith & P.C. Heemstra eds., Springer-Verlag, 445-458.

DAWSON C.E., 1986b. Syngnathidae. In Check-list of the freshwater fishes of Africa/Catalogue des poissons d'eau douce d'Afrique. Daget, Gosse & Thys van den Audenaerde eds, ORSTOM, Paris/MRAC, Tervuren, 2 : 281-287.

DE LURY D.B., 1947. On the estimation of biological population. *Biometrics*, 3 : 145-167.

DELACROIX P., 1987. Etude des "bichiques", juvéniles de *Sicyopterus lagocephalus* (Pallas), poisson Gobiidae, migrateur des rivières de la Réunion (Océan Indien) : exploitation, répartition, biologie de la reproduction et de la croissance. Thèse 3e cycle, Univ. Réunion, 144 p.

DELACROIX P., CHAMPEAU A., 1992. Ponte en eau douce de *Sicyopterus lagocephalus* (Pallas) poisson Gobiidae amphibionte des rivières de La Réunion. *Hydroécol. appl.*, 4(1) : 49-63.

DEVAMBEZ L.C., 1964. Le Tilapia dans le Pacifique sud. *Bulletin du Pacifique sud*, 14 (4) : 13, 14 & 53.

DUMERIL A., 1870. Histoire naturelle des poissons ou ichtyologie générale. II Ganoïdes, Dipnés, Lophobranches. Librairie encyclop. de Roret ed., Paris, 571 p.

EDMONDSON C.H., 1935a. Atyidae of southern Polynesia. *Occ. Papers Bernice P. Bishop Mus.*, 11(3) : 1-19.

EDMONDSON C.H., 1935b. New and Rare Polynesian Crustacea. *Occ. Papers Bernice P. Bishop Mus.*, 10(24) : 3-40.

EDMONDSON C.H., 1951. Some central Pacific crustacean. *Occ. Papers Bernice P. Bishop Mus.*, 20(13) : 183-243.

EGE V., 1939. A revision of the genus *Anguilla* Shaw : a systematic, phylogenetic and geographical study. The Carlsberg foundation's oceanographical expedition round the world 1928-30 and previous "Dana "-expeditions. *Dana Report*, 16(3) : 1-256.

ELDREDGE L.G., 2000. Non-indigenous freshwater fishes, amphibians, and crustaceans of the Pacific and Hawaiian islands. *In* Invasive species in the Pacific : A technical review and draft regional strategy, Sherley ed., South Pacific Regional Environment Programme, Apia, 173-190.

ESCHMEYER W.N., 1997. Catalog of recent fishes, 3 vol. California Academy of Science, San Francisco.

FISCHER W., BIANCHI G. (eds), 1984. FAO species identification sheets for fishery purposes. Western Indian Ocean (Fishing Area 51). FAO, Roma, vol. 1 à 6.

FITSIMONS J.M., NISHIMOTO R.T., 1990. Territories and sites tenacity in males of the Hawaiian stream goby, *Lentipes concolor* (Pisces : Gobiidae). *Ichthyol. expl. fresh.*, 1(2) : 185-189.

FOSSATI O., MARQUET G., 1998. Faune des eaux douces des îles Marquises (clé des macroinvertébrés et des poissons). *Patrimoines naturels*, 37 : 1-51.

FOSSATI O., MOSSERON M., KEITH P., 2002. Atyidae (Crustacea Decapoda) macro-and micro- distribution in the rivers of Nuku-Hiva island (French Polynesia). *Hydrobiologia* (sous presse).

FOURMANOIR P., GRIESSINGER J.M., PLESSIS Y., 1974. Faune ichtyologique des Gambier. *Cahier du Pacifique*, 18(2) : 543-559.

FOWLER H.W., 1925. Fishes of Gwam, Hawaï, Samoa and Tahiti. *Bernice P. Bishop Mus. Bull.*, 22 : 1-38.

FOWLER H.W., 1927. Fishes of the tropical Central Pacific. *Bernice P. Bishop Mus. Bull.*, 38 : 1-27.

FOWLER H.W., 1932. Freshwater fishes from the Marquesas and Society islands. *Occ. Papers Bernice P. Bishop Mus.*, 9(25) : 1-11.

FOWLER H.W., 1938. The fishes of the George Vanderbilt South Pacific Expedition, 1937. *Academy of Natural Sciences of Philadelphia, Monog.*, 2 : 1-299.

FUCHS J., 1987. Growth of introduced larvae and fingerlings of sea bass (*Lates calcarifer*) in Tahiti. *In* : management of wild and cultured seabass/barramundi. *ACIAR Monograph*, 20 : 189-192.

GOREN M., 1979. The Gobiinae of the Red Sea (Pisces : Gobiidae). *Senck. Biol.*, 60(1-2) : 1-130.

GOSSET C., 1975. L'appareil de pêche à l'électricité pour eaux douces et saumâtres : "Le Cormoran". *Pisc. fr.*, 44 : 37-42.

GOSSET C., LAMARQUE P., CHARLON N., 1971. Un nouvel appareil de pêche électrique portable : le "Martin-pêcheur". *Bull. fr. Piscic.*, 242 : 33-46.

GRAND S., 1972. Contribution à l'étude préliminaire sur la biologie, la systématique et l'écologie des *Macrobrachium* (Palaemonidae) de Tahiti. Thèse, Université de Montpellier, 130 p.

GUINOT D., 1967. Les crabes comestibles de l'Indo-Pacifique. Éditions de la fondation Singer-Polignac, Paris, 145 p.

HASS R. et R. Pal, 1984. Mosquito larvivorous fishes. *Bull. Ent. Soc. America,* 30(1) :17-25.

HATOOKA K., YOSHINO T., 1998. Two rare ophichthid species of the genus *Lamnostoma* (Pisces : *Anguilliformes*) from the western Pacific. *Bull. Osaka mus. nat. hist.*, 52 : 21-30.

HEEMSTRA P.C., 1984a. Kuhliidae. *In* FAO species identification sheets for fishery purposes. Western Indian Ocean (Fishing area 51). W. Fischer & G. Bianchi eds., vol. 2.

HEEMSTRA P.C., 1984b. Mugiloididae. *In* FAO species identification sheets for fishery purposes. Western Indian Ocean (Fishing area 51). W. Fischer & G. Bianchi eds., vol. 3.

HERRE A.W., 1931. A list of fishes collected at Moorea, one of the Society islands, being the first record from this island.*J. Pan. Pacif. Res. Inst.*, 6(4) : 10 p.

HERRE A.W., 1932. A check list of fishes recorded from Tahiti. *J. Pan. Pacif. Res. Inst.*, 7(1) : 2-6.

HOBBS H.H. Jr, HART C.W. Jr, 1982. The shrimps genus *Atya* (Decapoda : Atyidae). *Smiths. contrib. zool.*, 364 : 1-143.

HOESE D.G., 1983. Sensory papilla patterns of the cheek lateralis system in the Gobiid fishes *Acentrogobius* and *Glossogobius*, and their significance for the classification of Gobioid Fishes. *Rec. aust. mus.*, 35 : 223-229.

HOLTHUIS L.B., 1950. The decapoda of the Siboga expedition. The Palaemonidae collected by the Siboga and Snellius expeditions with remarks on other species I. Subfamily Palaemonidae. Siboga Expeditie, Leiden, 39 : 1-268.

HOLTHUIS L.B., 1952. On some Indo-Westpacific Palaemoninae (Crustacea decapoda Caridea). *Zool. med.*, 31(18) : 201-211.

HOLTHUIS L.B., 1980. Shrimps and prawns of the world, an annnoted catalogue of species of interest to fisheries. *FAO Fisheries Synopsis*, 125(1) : 1-230.

JALIHAL D.R., SHAKUNTALA S., SANKOLLI K.N., 1984. Five new species of freshwater Atyid shrimps of the genus *Caridina* H. Milne Edwards from Dharwar area (Karnataka state, India). *Rec. zool. survey India*, 69 : 35-40.

JARDIN E., 1859. Essai sur l'histoire naturelle de l'Archipel de Mendana. *Mém. soc. Imp. sci. nat. Cherbourg*, 161-200.

JESPERSEN P., 1981. Indo-Pacific Leptocephalids of the genus *Anguilla* : systematic and biological studies. CA Retzels ed., Copenhagen, 1942 : 13-103.

JUBB R.A., 1961. The freshwater eels of Southern Africa (*Anguilla* spp), an introduction to their identification and biology. *Ann. Cape prov. Mus.*, 1 : 15-48.

KEITH P., 1998. Evolution des peuplements ichtyologiques de France et stratégies de conservation. Thèse Université de Rennes I, 236 p.

KEITH P., 2000. The part played by protected areas in the conservation of threatened French freshwater fishes. *Biol. Cons.*, 92(3) : 265-273.

KEITH P., 2002. Freshwater fish and decapod crustacean populations on Réunion Island, with an assessment of the results of species introductions. *Bull. Fr. pêche Piscic.*, 364 : 97-107.

KEITH P., 2002. Revue des introductions de poissons et de crustacés décapodes d'eau douce en Polynésie française. *Bull. Fr. pêche Piscic.*, 364 : 147-160.

KEITH P., 2002. Threatened fishes of the world: *Galaxias neocaledonicus* (Weber and de Beaufort 1913) (Galaxiidae). *Environmental Biology of Fishes*, 63 : 26.

KEITH P., 2002. Threatened fishes of the world: *Rhyacichthys guilberti* Dingerkus and Séret, 1992 (Rhyacichthyidae). *Environmental Biology of Fishes*, 63 : 40

KEITH P., 2002. Les Gobiidae amphidromes des systèmes insulaires Indo-Pacifiques : endémisme et dispersion. Mémoire d'Habilitation à Diriger des Recherches (HDR), ENSAT, 63p.

KEITH P., ALLARDI J., 1996. Endangered freshwater fish : the situation in France. *In* Conservation of endangered freshwater fish in Europe, A. Kirchhofer et D. Hefti ed, *Advances in life sciences, Birkhäuser verlag*, 35-55.

KEITH P., ALLARDI J., 1997. The introduced freshwater fish of France : Status, impacts and management. *In* Stocking and introduction of fish, I. Cowx ed., *Fishing News Book, Blackwell Science*.

KEITH P., ALLARDI J., MOUTOU B., 1992. Livre rouge des espèces menacées de poissons d'eau douce de France et bilan des introductions. *Patrimoines Naturels*, 10 : 111 p.

KEITH P., MARION L., 2002. Methodology for drawing up a Red List of threatened freshwater fish in France. *Aquatic conservation* (sous presse).

KEITH P., VIGNEUX, E. 1997. Inventaire des poissons et crustacés d'eau douce de Polynésie française. Rap. MNHN, EPHE, CSP, Del. Env. Polynésie, 110 p.

KEITH P., VIGNEUX E., 2000. First capture of *Macrobrachium lepidactylus* (Hilgendorf, 1879) (Crustacea : Palaemonidae) on Réunion Island, followed by a commentary on *Macrobrachium hirtimanus* (Olivier, 1811). *Crustaceana*, 73(2) : 215-222.

KEITH P., VIGNEUX E., 2002. Revue des crustacés Atyidae et Palaemonidae de Polynésie française. *Bull. fr. pêche piscic.* 364 : 121-145.

KEITH P., VIGNEUX E., BOSC P., 1999. Atlas des poissons et crustacés d'eau douce de la Réunion. *Patrimoines naturels*, 39 : 136 p.

KEITH P., VIGNEUX E., FEUNTEUN E., 2000. Rapport de la mission d'inventaire des poissons et des crustacés d'eau douce effectuée aux îles Marquises. MNHN/EPHE, CSP, Min. mer.

KEITH P., WATSON R.E, MARQUET G., 2000. Découverte d'*Awaous ocellaris* (Broussonet, 1782) (Perciformes, Gobiidae) en Nouvelle-Calédonie et au Vanuatu et conséquences biogéographiques. *Cybium*, 24(4) : 395-400.

KEITH P., WATSON R.E., MARQUET G., 2002. *Stiphodon julieni*, a new species of freshwater goby (Teleostei: Gobioidei) from Rapa, French Polynesia. *Bull. Fr. pêche Piscic.*, 364 : 161-171.

KEITH P., WATSON R.E.,. MARQUET G, 2002. *Stenogobius (insularigobius) yateiensis*, a new species of freshwater goby from New Caledonia (Teleostei: Gobioidei). *Bull. Fr. pêche Piscic.*, 364 : 187-196.

KENDALL W.C., GOLDSBOROUGH E.L., 1911. Reports on the scientifics results of the expedition to the tropical pacific. The shore fishes. *Mus. comp. zool. mem.*, 26(7) : 341-344.

KIENER A., 1981. Etude des problèmes piscicoles des eaux intérieures de la Réunion. CEMAGREF, Aix en Provence, étude n° 25, 140 p.

KLAUSEWITZ W., HENRICH S., 1986. *Sicyopus jonklaasi n.sp.,* a new freshwater goby from sri Lanka (Pisces, Perciformes, Gobioidei, Gobiidae, Sicydiaphiinae). *Rev. fr. aquariol.*, 12 : 117-122.

KNER R., 1867. Reise der Osterreichischen Fregatte Novar um die Erde in den Jahren 1857, 1858, 1859. Zoologischen Theil. Ester Band. Fische. Kaiserlich - Königlichen Hof ed., Wien, 47 p.

KOTTELAT M., WHITTEN A.J., KARTIKASARI S.N., WIRJOATMODJO S., 1993. Freshwater fishes of Western Indonesia and Sulawi. Periplus Editions ed., Hong Kong, 221p.

LAMARQUE P., 1975. Etude des conditions de pêche à l'électricité dans les eaux tropicales. *Bull. cent. études rech. sci., Biarritz*, 10(3) : 403-554.

LAMARQUE P., MARQUET G., 1992. Environnement rivulaire de la Papenoo (Tahiti) en 1991. *Rapport polycopié. Antenne EPHE - Muséum en Polynésie française. RA 44*, 1992, 37p.

LE BELLE N., DUFOUR S., MARQUET G., KERDELHUE B., FONTAINE Y.A., 1988. Etat sexuel et axe gonadotrope hypothalamo-hypophysaire chez les trois espèces d'anguilles de Tahiti (*Anguilla marmorata, Anguilla megastoma* et *Anguilla obscura. Bull. mus. nat. hist. nat.,* Paris, 4e série, section A (1), 10 : 147-160.

LE BELLE N., MARQUET G., FONTAINE M., 1987. Peut on envisager l'exploitation de certaines populations d'anguilles de Polynésie. *Bull. soc. études océan.*, 20(6) : 51-56.

LEVER C., 1997. Naturalized fishes of the world. Academic Press ed., London, 408 p.

LOBEL P.S., 1980. Invasion by the Mozambique tilapia (*Sarotherodon mossambicus*, Pisces ; Cichlidae) of a Pacific atoll marine ecosystem. *Micronesica*, 16 : 349-355.

LODGE D., 1993. Biological invasions : lessons for ecology. *Tree*, 8 (4) : 133-137.

MACIOLEK J.A., 1978a. Taxonomic status, biology, and distribution of Hawaiian *Lentipes*, a diadromus goby. *Pacif. Sci.*, 31(4) : 355-362.

MACIOLEK J.A., 1978b. Insular aquatic ecosystems : Hawaii. In classification, inventory and analysis of fish and wildlife habitat, proceedings of a national symposium. US Fish & Wildlife Service FNS/OBS - 78/76. pp 103-112.

MACIOLEK J.A., TIMBOL A.S., 1980. Electroshocking in tropical insular streams. *Prog. fish cul.*, 42 : 57-58.

MACIOLEK J.A., 1984. Exotic fishes in Hawaii and other islands of Oceania. *In* W.R COURTENAY Jr et J.R. STAUFFER Jr ed., Distribution, biology, and management of exotic fishes. Johns Hopkins University Press ed, Baltimore, 131-161.

MALAVOI J.R., 1989. Typologie des faciès d'écoulement ou unités morphodynamiques des cours d'eau à haute énergie, CEMAGREF, 21 p.

MARQUET G., 1986a. Les anguilles de Tahiti : des travaux de J. Schmidt (1927) aux acquisitions récentes. *Bull. soc. études océan.*, 19(12) : 23-29.

MARQUET G., 1986b. Les ina'a de Tahiti-Moorea. *Bull. soc. études océan.*, 20(2) : 41-45.

MARQUET G., 1986c. Les Vertébrés- Les Anguilles. Encyclopédie de la Polynésie. Flore et faune terrestres. Christian Gleizal ed., 2 : 92-93.

MARQUET G., 1987. Etude de l'impact des rejets des porcheries sur la faune d'eau douce de Tahiti (Polynésie française). Ministère de la santé et de l'Environnement, Papeete, Tahiti, 20 p.

MARQUET G., 1988. Les eaux intérieures de la Polynésie française. Principales caractéristiques physiques, chimiques et biologiques. Thèse Univ. Paris VI, 233 p.

MARQUET G., 1991. Freshwater crustaceans of French Polynesia : taxonomy, distribution and biomass (Decapoda). *Crustaceana*, 61(2) : 126-140.

MARQUET G., 1992. L'étude du recrutement et de la physiologie des anguilles de Polynésie Française permet-elle de cerner leur aire de ponte ? *Bull. Inst. océan. Monaco*, 10 : 129-144.

MARQUET G., 1993. Etude biogéographique de la faune d'eau douce de Polynésie française. *Biogeographica*, 69 (4) : 157-170.

MARQUET G., 1993-1996. Environnement rivulaire de la Papenoo (Tahiti) en 1992, 1993, 1994, 1995. *5 Rapports polycopiés. Antenne EPHE - Muséum en Polynésie française.* RA 46 1993 : 49p, RA 49 1994 : 79p, *RA 58* 1995 : 87p et RA 67 1996 : 93p.

MARQUET G., 1996. The freshwater eels of New Caledonia : Taxonomy and distribution (Anguillidae). *Vie et Milieu*, 46(1) : 65-71.

MARQUET G., GALZIN R., 1992. Systématique, répartition et biomasse des poissons d'eau douce de Polynésie française. *Cybium*, 16(3) : 245-259.

MARQUET G., GALZIN R., 1991. The eels of French Polynesia : Taxonomy, distribution and biomass. *La Mer* (Tokyo) 29 : 8-17.

MARQUET G., LAMARQUE P., 1986. Acquisitions récentes sur la biologie des anguilles de Tahiti et de Moorea (Polynésie française) : *Anguilla marmorata, Anguilla megastoma* et *Anguilla obscura. Vie et Milieu*, 36(4) : 311-315.

MARQUET G., MARY N., 1999. Comments on some New Caledonian freshwater fishes of economical and biogeographical interest. *In* Proceedings of 5th Indo-Pacific Fish Conference, Nouméa, 1997, B. Séret et J.Y. Sire, eds, Paris, Société française d'Ichtyologie, 29-39.

MARQUET G., MARY N., WATSON R.E., 1999. Comments on the freshwater fish fauna of French Polynesia. *In* Proceedings of 5th Indo-Pacific Fish Conference, Nouméa, 1997, B. Séret et J.Y. Sire, eds, Paris, Société française d'Ichtyologie, 41-44.

MARQUET G., SERET B., LECOMTE-FINIGER R., 1997. Inventaires comparés des poissons des eaux intérieures de trois îles océaniques tropicales de l'Indo-Pacifique (La Réunion, La Nouvelle-Calédonie et Tahiti). *Cybium*, 21(1) suppl. : 27-34.

MARQUET G., KEITH P., VIGNEUX E., 2001a. Inventaire des poissons et des crustacés d'eau douce de la Province nord de la Nouvelle-Calédonie, MNHN/Province nord, 82p.

MARQUET G., KEITH P., VIGNEUX E., 2001b. Inventaire des poissons et des crustacés d'eau douce de la Province sud de la Nouvelle-Calédonie, MNHN/Province sud, 81p.

MAUGE L.A., 1986a. Kuhliidae. *In* Check-list of the freshwater fishes of Africa/Catalogue des poissons d'eau douce d'Afrique. Daget, Gosse & Thys van den Audenaerde eds, ORSTOM, Paris/MRAC, Tervuren, 2 : 306-307.

MAUGE L.A., 1986b. Ambassidae. *In* Check-list of the of the freshwater fishes of Africa/Catalogue des poissons d'eau douce d'Afrique. Daget, Gosse & Thys van den Audenaerde eds, ORSTOM, Paris/MRAC, Tervuren, 2 : 297.

MAUGE L.A. 1986c. Gobiidae. *In* Check-List of the freshwater fishes of Africa/Catalogue des poissons d'eau douce d'Afrique. Daget, Gosse & Thys van den Audenaerde eds, ORSTOM, Paris/MRAC, Tervuren, 2 : 358-388.

MAUGE L.A. 1986d. Eleotridae. *In* Check-List of the freshwater fishes of Africa/Catalogue des poissons d'eau douce d'Afrique. Daget, Gosse & Thys van den Audenaerde eds, ORSTOM, Paris/MRAC, Tervuren, 2 : 389-398.

MAUGE L.A., MARQUET G., LABOUTE P., 1992. Les Sicydiinae (Gobiidae) des eaux douces de la Polynésie française. Description de trois nouvelles espèces. *Cybium*, 16(3) : 213-231.

Mc CRAE A.W.R., 1983. First record of *Macrobrachium lar* (F.) (Crustacea : Palaemonidae) from mainland Africa, and some practical implications. *Afr. j. ecol.*, 21(3) : 209-210.

Mc DOWALL R.M. 1997. Is There Such a Thing as Amphidromy. *Micronesica*, 30(1) : 3-14.

Mc DOWALL R.M.1992. Diadromy : origins and definitions of terminology. *Copeia*, 248-251.

MYERS G.S., 1938. Freshwater fishes and West Indian zoogeography. *Ann. Report Smithsonian Inst.*, 1937 : 339-364.

MYERS G.S., 1949. Salt tolerance of freshwater fish groups in relation to zoogeographical problems. *Bijdr. Dierkunde (Leiden),* 28 : 315-322.

MYERS G.S., 1951. Freshwater fishes and east Indian zoogeography. *Stand. ichthyol. bull.*, 4 : 11-21.

NELSON J.S., 1994. Fishes of the world. Third edition. John Wiley & Son ed., New York, USA. 600p.

NELSON S.G. & L.G. Elredge, 1991. Distribution and status of introduced cichlid fishes of the general *Oreochromis* and *Tilapia* in the islands of the South Pacific and Micronesia. *Asian fish. sci.*, 4 : 11-22.

NISHIMOTO R.T., FITZSIMONS M., 1997. Behavioral determinants of the instream distribution of native hawaiian stream fishes. Proceedings of *5th Indo-Pacific Fish Conference, Nouméa, 1997.* Séret B. et J.Y. Sire, eds, Paris : Société française d'Ichtyologie : 813-818.

PARENTI L.R. & J.A. MACIOLEK., 1996. *Sicyopterus rapa*, new species of sicydiine goby (Teleostei : Gobiidae) from Rapa, French Polynesia. *Bull. of Mar. Sci.*, 53 : 945-972.

PLESSIS Y., MAUGE L.A., 1978. Ichtyologie des îles Marquises. *Cahier du Pacifique*, 21 : 215-235.

PLESSIS Y., 1973. Etude préliminaire de la faune ichtyologique de Moorea. *Cahier du Pacifique*, 17 : 79-88.

PLESSIS Y., 1976. La pêche sporadique basée sur le comportement de Poissons immatures. Colloque Commerson, La Réunion, *Trav. Doc. ORSTOM,* 47 : 185-188.

PLESSIS Y., 1980. Etude ichtyologique de Tubuaï, archipel des Australes (Polynésie). *Cahier du Pacifique*, 2(3) : 255-269.

PLESSIS Y., 1987. Etude ichtyologique de Rapa. DIRCEN SMCB, Lefrancq et Cie ed., Candé, 215-230.

POLHEMUS D.A., Maciolek J.A., Ford J., 1992. An ecosystem classification of inland waters for the tropical Pacific islands. *Micronesica*, 25(2) : 155-173.

POLL M., 1942. Les poissons de Tahiti recueillis par G.A. De Witte. *Bull. mus. royal hist. nat. Belgique*, 18(61) : 1-20.

POUPIN J., 1994. Quelques crustacés décapodes communs de Polynésie française. Rapport scientifique du Service mixte de surveillance radiologique et biologique de l'homme et de l'environnement ed., 86p.

PRESTON G.L., 1990. Brackish-water aquaculture in Tahiti. *South Pacific Commission Fisheries Newsletter*, 55 : 36-40.

RANDALL J.E., 1973a. Tahitian fish names and preliminary checklist of the fishes of the Society Islands. *Occ. Pap. Bernice P. Bishop mus.*, 24(11) : 167-203.

RANDALL J.E., 1973b. Rapan fish names and a preliminary checklist of the fishes of the Society Islands. *Occ. Pap. Bernice P. Bishop mus.*, 24(15) : 291-306.

RANDALL J.E., 1978. Marine Biological and Archeological Expedition to Southeast Oceania. *Nat. geogr. soc. res. rep.,* 1969 Projects : 473-495.

RANDALL J.E., 1985. Fishes. *In* Fauna and Flora, a first compendium of French Polynesian sea-dwellers. *Proc. Fifth Int. Coral Reef Cong.*, Tahiti, 1 : 462-481.

RANDALL J.E., SMITH C.L., FEINBERG M.N., 1990. Report on fish collections from Rapa, French Polynesia, *American mus. novitates*, 2966 : 44 pp.

RATHBUN M.J., 1904. Les crabes d'eau douce (Potamonidae). *Nouv. archiv. mus. hist. nat.*, 4ème série, 6 : 1-122.

RESH V.H., BARNES J.R., BENIS-STEGER B., CRAIG D.A., 1992. Life history features of some Macroinvertebrates in a French Polynesian stream. *Stud. Neotrop. Fauna Envir.*, 27(2-3) : 145-153.

RESH V.H., De SZALAY F.A., 1995. Streams and rivers of Oceania. *In* : Cushing C.E., Cummins K.W. et Minshall G.W. (eds). River ans stream ecosystems. Publshed by Elsevier, 717-736.

RESH V.H., MOSER M., POOLE M., 1999. Feeding habits of some freshwater fishes in streams of Moorea, French Polynesia. *Annls. Limnol.*, 35(3) : 205-210.

RISCH L., 1977. Vergelijkende anatomische en morfologische studie de genera *Lentipes*, *Sicydium* en *Sicyopterus* (Gobiidae). Thèse de licence, Université Catholique de Louvain, 242 p.

ROUGIER E., 1926a. Essai de pisciculture. *Bull. soc. études océan.*, 11 :16-20.

ROUGIER E., 1926b. Pisciculture. *Bull. soc. études océan.*, 12 : 40-41.

ROUGIER E., 1926c. Moustiques et poissons anti-moustiques. *Bull. soc. études océan.*, 13 : 65-66.

ROUGIER E., 1928. Pisciculture. *Bull. soc. études océan.*, 26 : 107-109.

RYAN P.A., 1980. A checklist of the brackish and freshwater fish of Fijii. *South Pac. J. nat. sci.*, 1 : 58-73.

RYAN P.A., 1991. The success of the Gobiidae in tropical Pacific insular streams. *New Zeal. J. zoo.*, 18 : 25-30.

SCHMIDT J., 1927a. Nomenclature des poissons d'eau douce de Papeari. *Bull. soc. études océan.*, 17 : 176-179.

SCHMIDT J., 1927b. Poissons d'eau douce de Tahiti. *Bull. soc. études océan.*, 20 : 278-279.

SCOTT D.A., 1993. A Directory of Wetlands in Oceania. Slimbridge, England : IWRB ; & Kuala Lumpur, Malaysia : AWB.

SEO, 1926. Nota. *Bull. soc. études océan.*, 15 : 129.

SEURAT L.G., 1934. La faune et le peuplement de la Polynésie française. *Mém. Soc. Biogéogr.*, 4 : 41-74.

SHEN K.N., LEE Y.C., TZENG W.N, 1998. Use of Otolith Microchemistry to investigate the Life History Pattern of Gobies in a Taiwanese Stream. *Zool. Studies*, 37(4) : 322-329.

SHOKITA S., 1985. Larval development of the palaemonid prawn, *Macrobrachium grandimanus*, reared in the laboratory, with special reference to larval dispersal. *Zool. sci.*, 5 : 785-803.

SHORT J., MARQUET G., 1998. New records of freshwater Palaemonidae from New caledonia. *Zoosystema*, 20(2): 401-410.

SMITH J.L.B., 1958. The fishes of the family Eleotridae in the Western Indian ocean. *Ichthyol. Bull.*, 11 : 137-164.

SMITH J.L.B., 1963. Fishes of the family Syngnathidae from the Red Sea and the Western Indian Ocean. *Ichthyol. Bull.*, 27 : 515-543.

SMITH M.J., WILLIAMS W.D., 1982. Taxonomic revision of Australian Species of *Atyoida* Randall (Crustacea : Decapoda : Atyidae), with remarks on the taxonomy of the Genera *Atyoida* and *Atya* Leach. *Aust. J. mar. fresh. res.*, 33(2) : 343-361.

SOUCHON Y, KEITH P., 2002. Freshwater fish habitat : science, management and conservation in France. *Aquatic ecosystem health and management*, 4 : 401-412.

TETON J., 1976. *Poecilia (Lebistes) reticulata. Aquarama*, 34 : 22-28.

THOMSON J.M., 1966. The grey Mullets. *Oceanogr. mar. biol. ann. rev.*, 4 : 301-335.

THOMSON J.M., 1986. Mugilidae. In Check-List of the freshwater fishes of Africa/Catalogue des poissons d'eau douce d'Afrique, Daget, Gosse & Thys van den Audenaerde eds, ORSTOM, Paris/MRAC, Tervuren, 2 : 344-349.

THOMSON J.M., 1997. The Mugilidae of the world. *Mem. Queensland mus.*, 41(3) : 457-562.

TINKER S.W., 1965. Pacific Crustacea : an illustrated handbook on the reef-dwelling crustacea of Hawaï and the South seas. Charles E. Tuttle Co. ed., Japan, 134 p

TOKORAGI L., 1978. Milkfish culture in French Polynesia. *Appropriate Technology*, 4(4) : 23-25.

TREWAVAS E., 1983. Tilapiine Fishes of the genera *Sarotherodon, Oreochromis* and *Danakilia*. British Museum (Natural History) : 580 p

TSUKAMOTO K., AOYAMA J., 1998. Evolution of the freshwater eels of the genus *Anguilla* : probable scenario. *Env. biol. fishes*, 52(3) : 139-148.

UWATE K.R.P., KUNATUBA B. RAOBATI, TENAKANAI C., 1984. A review of aquaculture activities in the Pacific Islands region. Pacific Islands Development Program, East-West Center, Honolulu.

VAN PEL H., DEVAMBEZ L.C., 1957. The fisheries industry of French Polynesia. South Pacific Commission, Noumea, New Caledonia.

VILLALUZ D.K., 1972. Aquaculture possibilities in some islands of the South Pacific. Report prepared for the South Pacific Islands Fisheries Development Programme. FAO DP/RAS/69/102/12.

WATSON R.E., 1991. A provisonal review of the genus *Stenogobius* with descriptions of a new subgenus and thirteen new species (Pisces, Teleostei, Gobiidae). *Rec. west. aust. mus.*, 15(3) : 571-654.

WATSON R.E., 1992. A review of the gobiid fish genus *Awaous* from insular streams of the Pacific plate. *Ichthyol. expl. fresh.*, 3(2) : 161-176.

WATSON R.E., 1995. Gobies of the genus *Stiphodon* from French Polynesia, with descriptions of two new species (Teleostei : Gobiodei : Sicydiinae). *Ichthyol. expl. fresh.*, 6 : 33-48.

WATSON R.E., KEITH P., MARQUET G., 2001. *Sicyopus (Smilosicyopus) chloe*, a new species of freshwater goby from New Caledonia (Teleostei : Gobioidei: Sicydiinae). *Cybium*, 25(1) : 41-52.

WATSON R.E., KEITH P., MARQUET G., 2002. *Lentipes kaaea*, a new species of freshwater goby from New Caledonia (Teleostei: Gobioidei : Sicydiinae). *Bull. Fr. pêche Piscic.*, 364 : 173-185.

WEBER M., BEAUFORT (de) L.F, 1929. The fishes of the Indo-Australian Archipelago. Leiden. 458 p.

WHITEHEAD P.J.P., 1984a. Chanidae. *In* FAO species identification sheets for fishery purposes. Western Indian Ocean (Fishing area 51), W. Fisher & G. Bianchi, eds, vol. 1.

WINFIELD I.J., 1992. Threats to the lake fish communities of the U.K. arising from eutrophication and species introductions. *Netherland J. Zool.*, 42(2-3) : 233-242.

GLOSSAIRE

Abdomen : partie postérieure du corps d'un arthropode, aussi appelée "queue" chez les crustacés.

Allochtone : se dit d'une espèce originaire d'une autre région géographique.

Amphidrome : se dit d'un animal migrateur dont la reproduction s'effectue dans l'eau douce et qui descend les rivières vers la mer à l'état larvaire et les remontent ensuite au stade de juvénile pour y vivre à l'état adulte.

Anadrome : se dit d'un animal migrateur qui passe la majeure partie de sa vie adulte en mer et remonte les fleuves à l'état adulte pour se reproduire (ex : le saumon).

Angle ptérygostomien : angle formé par les parties inférieure et antérieure du céphalothorax d'un crustacé.

Appendice interne : prolongement plus ou moins effilé situé sur le bord interne du premier pléopode chez le mâle.

Appendice mâle (ou *appendix masculina*) : petite baguette rigide située sur le bord interne du second pléopode chez les crustacés et servant à la copulation.

Angle infraorbitaire : angle du céphalothorax situé en dessous de l'orbite chez un crustacé.

Antenne (ou deuxième antenne) : appendice articulé biramé typique avec un protopodite de deux articles, parfois fusionnés, pourvus d'un endopodite et d'un exopodite. L'endopodite est en général bien formé et flagelliforme. L'exopodite peut être également flagelliforme, mais souvent en forme de longue écaille uni-articulée (appelée aussi Scaphocérite).

Antennule (ou première antenne) : composée d'une série simple d'articles. En général, sa structure se caractérise par un pédoncule à trois articles dont le dernier est surmonté d'un ou deux flagelles multi-articulés.

Barbillon : expansion tégumentaire riche en organes sensoriels et localisée à proximité de la bouche.

Branchiospines : épines localisées sur la face antérieure des arcs branchiaux d'un poisson. Le nombre de branchiospines du premier arc branchial est une caractéristique spécifique.

Caniniforme : dent en forme de canine.

Carpe (ou carpus) : antépénultième article d'un appendice locomoteur, faisant face au mérus au niveau de l'articulation principale de l'appendice (articulation méro-carpale).

Catadrome : se dit d'un animal migrateur qui passe la majeure partie de sa vie en eau douce à l'état adulte et qui va se reproduire en mer (ex : l'anguille).

Céphalothorax : partie antérieure du corps d'un crustacé.

Chélipède : concerne une ou plusieurs paires de péréiopodes antérieurs qui se sont différenciés à leur extrémité en forme de pince, au niveau du propode. Celui-ci est élargi et muni d'un "doigt" fixe, opposé au dactyle qui lui est mobile. Ces deux éléments qui forment une pince sont désignés trés souvent par le terme "doigts" bien qu'ils n'aient pas tous les deux la même valeur anatomique.

Cténoïde : se dit d'une écaille dont le bord postérieur est bordé de structures épineuses.

Cycloïde : se dit d'une écaille dont le bord postérieur est régulier et dépourvu d'expansions épineuses.

Dactyle (ou *dactylus*) : article terminal d'une patte et doigt mobile d'une pince.

Dent post-orbitaire : dent sur la carapace située en arrière de l'orbite.

Dent vomérienne : dent située sur le vomer (os médian impair du plafond buccal situé juste en arrière du point de contact des deux prémaxillaires avec l'ethmoïde médian).

Doigt : sur une pince (*sensu stricto*), un des deux éléments pouvant se joindre pour prendre, couper, broyer...

Dulçaquicole (= dulcicole) : se dit d'une plante ou d'un animal qui vit en eau douce.

Écaille antennaire : diverticule aplati, basal et externe sur l'antenne d'un crustacé.

Embâcle : amoncellement de branches obstruant le lit d'un cours d'eau.

Endémique : se dit d'une espèce ayant une localisation géographique limitée.

Épine antennaire : dent du bord antérieur du céphalothorax située à proximité de l'insertion antennulaire.

Épine branchiostège : dent sur le céphalothorax située sur le branchiostégite antérieur à proximité de l'insertion antennaire et sous l'épine antennaire.

Épine hépatique : dent sur la carapace située en arrière de l'épine antennaire.

Endopode (ou endopodite) : rame interne des appendices. Elle est composée (à l'idéal) de cinq articles : l'ischiopodite (ischion), le méropodite (mérus), le carpopodite (carpe), le propodite (propode) et le dactylopodite (dactyle) qui peut posséder une ou plusieurs griffes. L'endopodite sert principalement à la locomotion.

Euryhalin : qui supporte de fortes variations de salinité.

Eventail caudal : extrémité de la queue d'un crustacé, constitué des uropodes et du telson, utile principalement lors de la locomotion arrière.

Exopodite : représente la rame externe des appendices et on peut y trouver à sa base un épipodite. Il sert surtout à la nage grâce aux grandes soies portées par ses articles.

Flagelle : partie terminale multi-articulée fine et allongée de l'antennule ou de l'antenne.

Gonopode : organe copulateur présent chez les mâles et constitué par l'allongement et/ou l'épaississement d'un ou plusieurs rayons de la nageoire anale.

Hétérochélie : différence de taille (longue, courte), de forme (massive, fine) et de fonction (pince coupante, pince broyeuse) des deux pinces d'un crustacé.

Insectivore : qui mange des insectes.

Ischion : segment précédent le mérus d'un appendice locomoteur.

Leptocéphale : nom de la larve d'anguille après l'éclosion de l'œuf ; elle ressemble à une feuille allongée plus ou moins transparente.

Ligne latérale : alignement des écailles perforées par les organes sensoriels permettant au poisson de percevoir, notamment, les variations de pression.

Maxillipède (ou patte mâchoire) : péréiopode différencié en organe participant à la prise de nourriture.

Mérus : segment précédent l'antépénultième article d'un appendice locomoteur, faisant face au carpe au niveau de l'articulation principale de l'appendice (articulation méro-carpale).

Migration (voir aussi amphidrome, anadrome, catadrome) : déplacements sur de grandes distances de certains animaux, entre leur lieu de naissance, leur lieu de grossissement et leur lieu de reproduction.

Molariforme : se dit d'une dent en forme de molaire.

Ocelle : tache pigmentaire de forme ronde.

Omnivore : qui mange indifféremment des animaux et des végétaux.

Ongle : partie terminale du dernier article des pattes ambulatoires des crustacés ayant souvent un aspect corné et de couleur plus sombre que le reste de l'article, servant de "griffe" pour s'accrocher au substrat.

Opercule : ensemble de quatre os (préoperculaire, operculaire, inter-operculaire et sous-operculaire) protégeant la cavité branchiale et les branchies.

Orbite : bord antérieur de la carapace où se trouve inséré l'œil.

Ovigère : chez les crustacés se dit d'une femelle ayant fixé ses œufs sous l'abdomen, sur les pléopodes.

Ovipare : se dit d'un animal qui pond des œufs.

Ovovivipare : se dit d'un animal dont les œufs se développent dans les voies génitales de la femelle.

Paume : partie terminale d'une pince, doigts non compris, correspondant à la moitié proximale plus ou moins dilatée du propode.

Pédoncule antennaire : articles de la base de l'antenne.

Pédoncule antennulaire : articles de la base de l'antennule.

Pédoncule oculaire : partie le plus souvent un peu allongée de l'œil portant la cornée (ou globe oculaire).

Péréiopodes : pattes thoraciques. Ils sont soit masticateurs (= maxillipèdes), soit locomoteurs (= pattes locomotrices).

Pince : *sensu stricto* partie terminale préhensile d'un appendice ; *sensu lato* patte (souvent très robuste) terminée par une pince (synonyme dans ce sens de chélipède) ; utilisé le plus souvent pour la défense, pour la prédation, l'alimentation. Très souvent 1re et/ou 2e paire de pattes, parfois 3e, exceptionnellement 4e ou 5e.

Pléopode : appendice situé sous l'abdomen, utilisé pour la nage avant et, chez la femelle, la fixation de la ponte ; chez les mâles, les pléopodes antérieurs peuvent être différenciés en appendice copulateur.

Pleurite (ou pleuron) : rabat latéral du tégument d'un segment du corps d'un arthropode (situé entre le tergite dorsal et le sternite ventral).

Propode (ou propodite) : avant dernier article d'un appendice.

Radier : portion de rivière de faible profondeur, à fond plat et à fort courant.

Rayon mou : rayon de soutien d'une nageoire constitué de petits segments ossifiés alignés et pouvant se ramifier (= lépidotriche).

Rayon épineux : rayon de soutien d'une nageoire constitué d'un seul élément ossifié, assez long, dont l'extrémité distale est pointue ; il n'est jamais ramifié.

Rhéophile : se dit des organismes qui aiment les zones de courant.

Rostre : prolongement antérieur médian de la carapace, surtout développé chez les crevettes et typiquement en forme de lame aplatie portant des dents plus ou moins nombreuses.

Sillon cervical : sillon transversal postérieur de la carapace délimitant antérieurement la zone gastrique et postérieurement la zone cardiaque (correspondrait à la limite tête/thorax).

Somite abdominal : segment abdominal.

Telson : partie la plus postérieure d'un crustacé, formant l'élément médian de l'éventail caudal chez les espèces à abdomen développé et portant l'anus sur sa face ventrale.

Tergite (ou tergum) : partie dorsale du tégument d'un segment du corps d'un arthropode (situé au dessus du pleurite).

Uropode : pléopodes (6e paire) les plus postérieurs du corps d'un crustacé. Ils se sont transformés en ayant une forme élargie et aplatie ; ils constituent avec le telson se qu'on appelle l'éventail caudal.

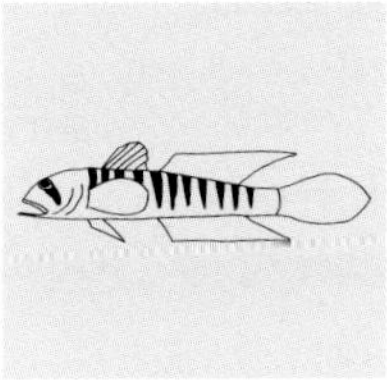

ANNEXE CRUSTACÉS DÉCAPODES

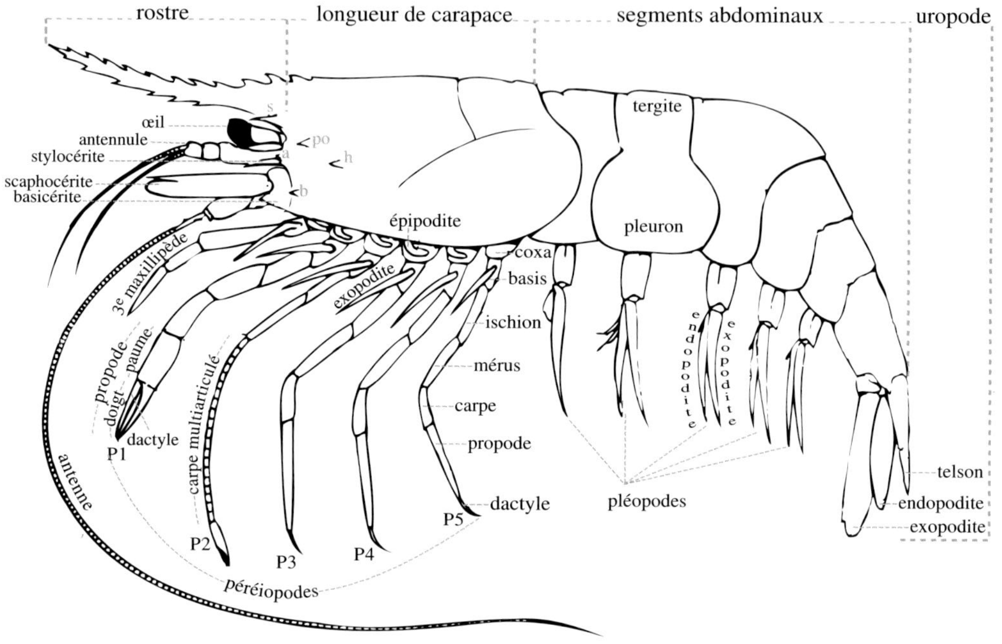

Schéma d'une crevette (d'après Chace, modifié)

Epines : a-antennaire ; b-branchiostège ; h-hépatique ; po-post-orbitaire ; s-supra-orbitaire.

ANNEXE POISSONS

Nombre d'écailles en ligne latérale : il s'agit du nombre d'écailles percées comptées le long de ligne latérale, de l'opercule jusqu'à la base de la nageoire caudale. Si la ligne latérale est incomplète, le nombre d'écailles est compté de la même façon.

Formule scalaire : pour certaines espèces, les nombres de rayons constituant les nageoires sont donnés sous forme d'une formule de type : D1 IV, D2 I/8, A II/9, P 14 qui signifie première dorsale (D1) avec 4 rayons épineux (IV), deuxième dorsale (D2) avec un rayon épineux et huit rayons mous (I/8), nageoire anale (A) avec 2 rayons épineux et 9 rayons mous (II/9) et les nageoires pectorales (P) avec 14 rayons mous.

Principaux termes de description utilisés dans le texte

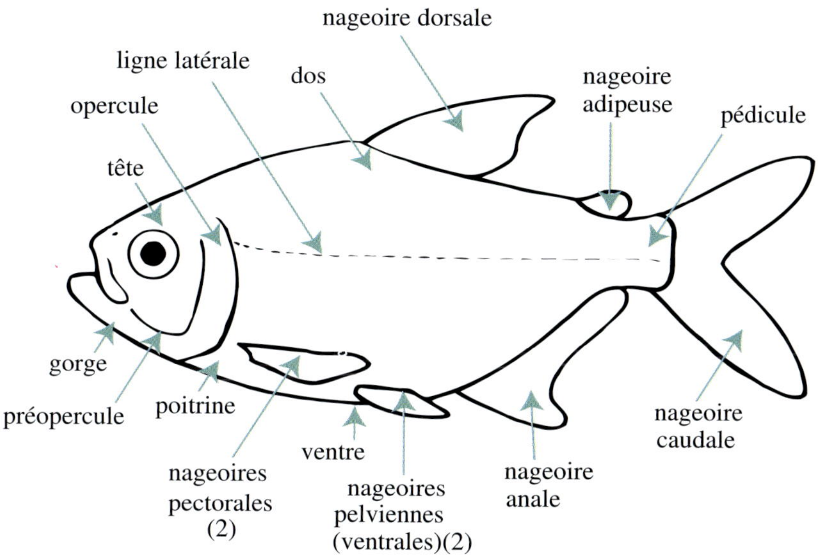

nageoire caudale

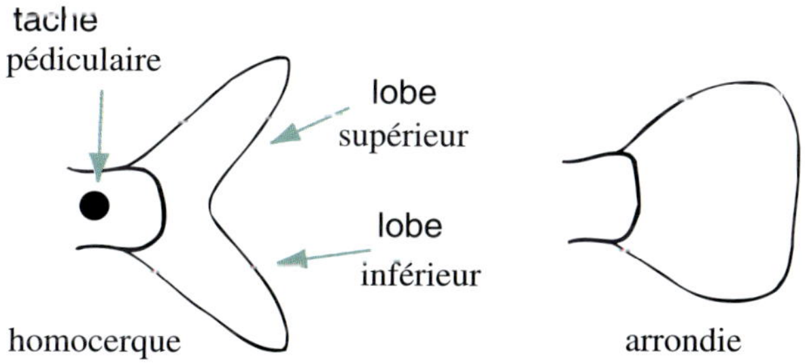

Bouche

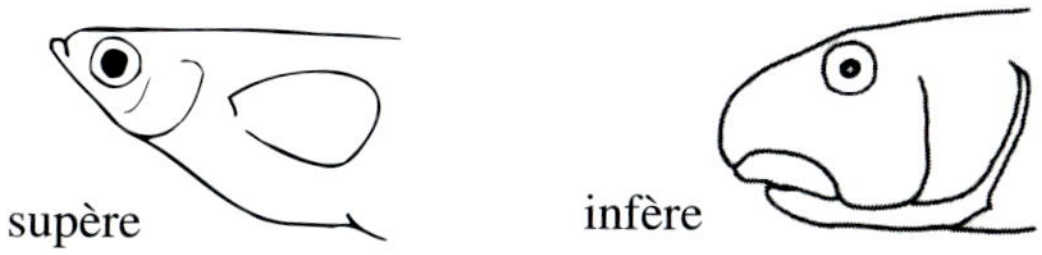

Ligne latérale

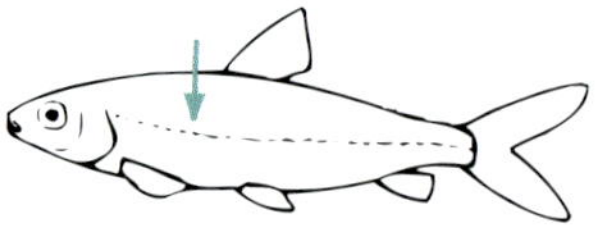

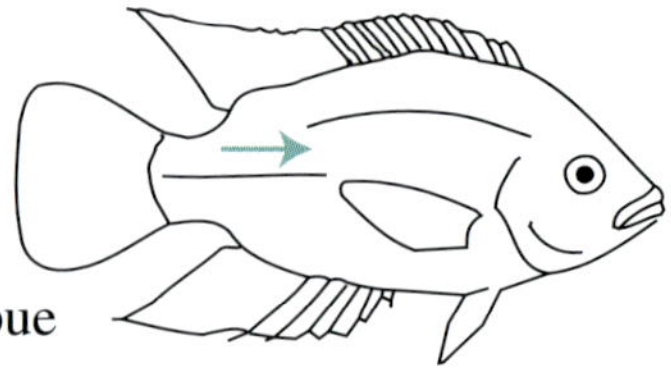

paupière adipeuse

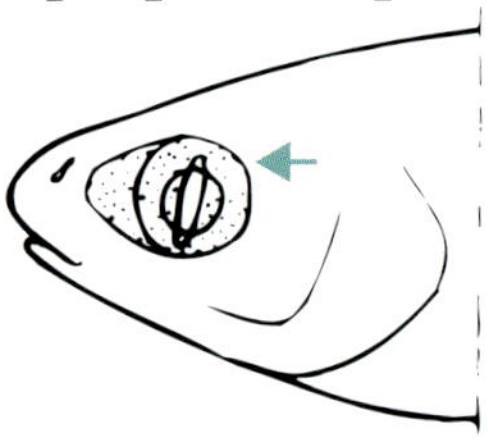

Ecaille

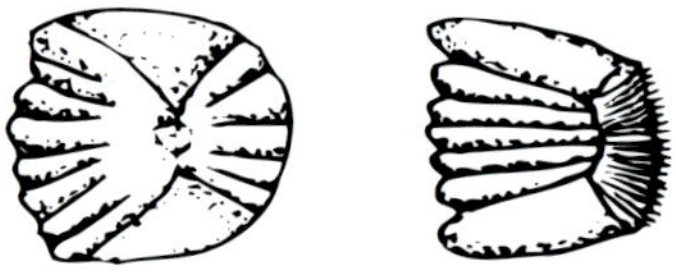

Principales mensurations effectuées sur un poisson

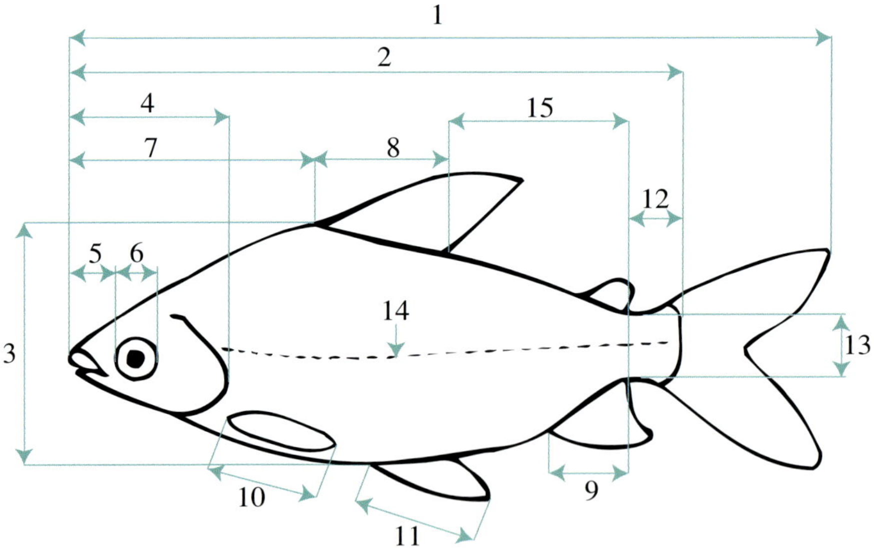

1 : longueur totale (LT)
2 : longueur standard (LS)
3 : hauteur du corps (H)
4 : longueur de la tête (Lt)
5 : longueur du museau (Mu)
6 : diamètre de l'oeil (DO)
7 : longueur prédorsale (LPD)
8 : longueur de la base de la nageoire dorsale (LD)
9 : longueur de la base de la nageoire anale (LA)
10 : longueur de la nageoire pectorale
11 : longueur de la nageoire pelvienne
12 : longueur du pédicule caudal (LPC)
13 : hauteur du pédicule caudal (HPC)
14 : ligne latérale (LL)
15 : longueur interdosale

RÉSUMÉ TAHITIEN

'O te puta mātāmua teie i pāpa'ihia nō ni'a i te mau i'a 'e te mau 'īna'i pa'a nō roto i te pape i Pōrinetia farāni nei. E'ere teie puta e nō te feiā mā'imi ana'e, e fāna'o ato'a rā te huira'atira, te mau ha'api'i tamari'i ē tae noa atu i te feiā tai'a 'e te feiā fa'a'amu i'a. Te tumu i pāpa'ihia ai teie puta, 'ia riro ïa 'ei puta arata'i i te mau ta'ata Pōrinetia, nō te tauturu ia rātou i te fa'atere 'e te fa'aora i te mau 'ārurura'a 'īna'i pape. Tē fa'ata'a ra i roto i teie puta i te huru nō te mau pape i Porinetia nei 'e te mau 'īna'i e ora ra i reira, 'e ma te fa'ati'a ato'a i te parau nō te mau i'a i 'āfa'ihia mai nō rāpae, hou 'a hōro'a mai ai i te tāpura nō te mau i'a e vai nei. Tē vai nei i te tahi mau fenua, te mau i'a 'o te 'ore e 'itehia i te tahi mau fenua, mai te i'a e ora i roto i te pape. E 31% i Porinetia farāni nei, 40,5% nō te mau i'a 'e 11% nō te mau 'ina'i 'apu, e tae'ahia ai 64% huru i'a i te fenua Enata. E 37 huru i'a nō roto i te pape, 18 huru 'īna'i pa'a. Nō te mau ha'amāramaramara'a, tē vai nei te tahi mau 'api parau tei pāpa'ihia nō ni'a i teie mau i'a tāta'itahi 'e te 'ōperera'a na te mau fenua Pātitifa, i Pōrinetia nei ihoā rā. Nō te 'āpiti atu i teie mau ha'amāramaramara'a, tē vai nei te tahi mau hoho'a patahia, 'e te mea pēnihia, nō te ha'apāpū i te ta'a'ēra'a te huru o te tahi i'a i te tahi.

RÉSUMÉ MARQUISIEN

Hamani hapukeìa ikoa no te tau ika me tahipito momau ke atu mei io he puke kaavai o Porinetia Farani

Oinei to mua hamani i kāneaìa i ùka ihoo te puke ika, kōuà... e vai atu a, mei io he vai kaavai o Porinetia Farani. Ua patuìa no e tau poì e ùmihi nei i te tau taetae mei io he natura, no te puke tumu hamani no te poì e hakatoo nei akoè a e hakai nei i te tau memau io he pāpua vai karahi. Te tumu karaihā, ia ìò tenei hamani mea aahi i te poì e pohuè nei i Porinetia, e tika e hakahei àtou i te apuuìa me te pakaiìa i te puke memau e pohuè nei io he vai kaavai. E kiteìa òmua ana òa te tau hakatu kē mei i òto o te tau kaavai o Porinetia, me te tau hakatu me te huìkē o te hakatu o te tau memau e pohuè aa io he vai, atika a e kiteìa epō te patu i te puke ikoa o te tau memau e kiteìa nei mei te tīmataìa mai, me te tau memau i kave-hou-ìa mai. E avai nei te ùa tau memau i òto o teia motu àì kiteìa ake nei i òto to tītahi henua kē i te ao māama nei : te tau ika tumutumu e kiteìa nei, e 64% mei te Henua Enana. E avai nei i Porinetia 37 hakatu ika vai, 18 hakatu kōuà, pipi, pipi taa, me tītahi puke memau kē atu... Titikitahi àtou me te paka hamani i patuìa i ùka iho o to àtou hakatu kāneaìa, hakatu pohueìa me to àtou pipīia i òto o te pāio o Patitifa, tōtahi atu a i òto o Porinetia Farani, tokoìa mai teia me te ata henua i keìka àtou i te koàkaìa. E avai nei me te tau ata pataìa i kite-koè-ìa ake nei, me te tau ata patu-ìma ìa no te hakakite mata i to àtou hakatu kē, atii no te hakakite tiàtohu me te hakakahanamaeka i te hakako, pehea te tiòhi i te huìkēìa o te hoa me io te hoa.

EXTENDED ABSTRACT

French Polynesia covers a vast oceanic region located at the eastern limit of the Indo- west pacific Province. It consists of 118 islands including high volcanic islands and low coral islands or atolls. These various islands represent an emerged area of 3 629 km^2 scattered over 2 500 000 km^2 of ocean. They form five archipelagos dispersed along a general north-west, south-east axis: The Austral Archipelago (141 km^2), 6 high islands and 1 atoll; the Gambier Archipelago (23 km^2), 9 high islands; the Marquises Archipelago (997 km^2), 11 high islands and 1 atoll; the Society Archipelago (1 618 km^2), 9 high islands and 5 atolls ; The Tuamotu Archipelago (850 km^2), 76 atolls.

The importance of the hydrographic network of Polynesia islands increases with their average altitude and with their size. At the two extremes one will find on one hand the atolls on the surface of which no traces of running water can be found, and on the other hand, Tahiti island which is way ahead of all the other islands for the number of streams and the size of their catchment basins.

The rate of flow of the rivers depends on various factors such as : climate, soils, vegetation and morphology of catchment basins. In the Society Archipelago, the most important factor is the amount of rains which, at least in Tahiti Island, is strongly tied to the altitude and the orientation of catching basins with regard of the direction of the prevailing winds.

The amount of diversity of fauna and flora is related to the remoteness of the island from the main occidentals sources of faunistic and floristic diffusion of the Indo-Pacific domains and the antiquity of their emersion. Ultimate groups of islands before the wide oriental emptiness, Polynesian archipelagos have received a much reduced flux of vegetable and animal spans on the ground of their isolation.

The diversity of habitats is better on the continental islands and decreased notably on the territories recently born from volcanic activity. Endemic species have been able to appear and develop in some of the more ancient and isolated islands.

On the contrary in coral islands the absence of relief does not allow the infiltration of rain water in the soil.

The most ancient high islands of French Polynesia have emerged only a few dozens of millions years ago. Therefore, Polynesian islands could only have been colonised by marine species swimming upwards through estuaries or by migrant amphihalines species performing a part of their biological cycle in fresh waters (eels, Gobiidae).

Like most Pacific islands, Polynesians islands are characterised by the absence of primary fishes. Secondary fishes (Cichlidae, Poeciliidae) have been introduced. They are: The tilapia *Oreochromis mossambicus*, the guppy *Poecilia reticulata* and the molly *Poecilia sphenops* who are present in the lower reaches of some streams and in coastal ponds.

Vicariant fishes are represented by one species only: *Kuhlia marginata*. It is present only in running waters from estuary to middle course.

Catadromous diadromous fishes are represented by three species of eels: *Anguilla marmorata*, *Anguilla megastoma* and *Anguilla obscura*. Unlike the other two species represented in lower reaches, *Anguilla megastoma* only passes upwards through the lower reaches as a juvenile during the upstream migrations and is never found in stagnant waters. In running waters, *Anguilla marmorata* is dominant below the waterfalls whereas *Anguilla megastoma* is the dominant species above the waterfalls.

As a consequence of the absence of primary and secondary native fishes, the rivers of high islands are then mainly colonised by amphidromous fishes. They include members of two families (Gobiidae and Eleotridae) and their distribution depends essentially on two closely bound factors: altitude and strength of the flow. *Awaous ocellaris* and species of the *Stenogobius* genus are restricted to the lower courses of rivers and to littoral stagnant waters. *Stiphodon* genus colonises the lower and middle courses, essentially where the current is average to weak. *Sicyopterus pugnans* prefers, in the same biotope, a strong current. *Sicyopterus marquesensis* and *Sicyopterus lagocephalus* as well as *Lentipes rubrofasciatus* and *Sicyopus bitaeniatus* are able to climb the waterfalls. The one and only species of Eleotridae (*Eleotris fusca*) can be found in running waters (from estuary till middle course) where current is weak, as well as in stagnant waters.

Finally, sporadic fishes colonise only the lower course of rivers. They belong to 4 families : Ophichthidae, Syngnathidae, Kuhliidae and Mugilidae. Most fishes belonging to those families are marine and estuaries species.

As for the crustaceans, inventoried species are amphidromous or vicariant.

French Polynesia is inhabited by 55 species; 37 for fishes and 18 for freshwater decapoda crustaceans. Of those 55 species, 17 are endemic which amounts to 31% (40,5% for fishes and 11% for crustaceans).

The biodiversity is maximum in the Society Archipelago (20 species of fishes and 14 of crustaceans) and in the Austral Archipelago (20 species of fishes and 13 of crustaceans), good in the Marquises Archipelago (14 species of fishes and 7 of crutaceans), average in the Gambier Archipelago (7 species of fishes and 7 of crustaceans) and weak in the Tuamotu (3 species of fishes and only one of crustacean).

The 3 species of eels are present in the archipelagos of Society, Austral and Gambier. Only *Anguilla marmorata* has colonised the Marquises archipelago. Mugilidae are present in all the archipelagos. Gobiidae are present in all four of high islands archipelagos and are represented by 15 endemic species is French Polynesia: four Gobiidae have been found only in the Austral archipelago (*Stiphodon discotorquatus*, *Stiphodon julieni*, *Stenogobius randalli*, *Sicyopterus rapa*) and one shrimp (*Caridina rapaensis*), at least 9 species of fishes are to be found only as the Marquises archipelago where they are endemic. They are: *Lentipes rubrofasciatus*, *Sicyopus bitaeniatus*, *Sicyopterus marquesensis*,

Stiphodon nsp, Stiphodon tuivi, Stenogobius marqueti, Stenogobius caudimaculosus, Stenogobius cf caudimaculosus, Stenogobius squamosus. One prawn (*Macrobrachium feunteuni*) is endemic to the Marquises archipelago. Finally two species seems to be endemic to the Society Archipelago, *Stenogobius genivittatus* and *Sicyopterus pugnans*.

The two families introduced in French Polynesia (Cichlidae and Poeciliidae) have up to now, not been observed neither in the Marquises nor in Gambier Archipelagos.

The Marquises, with a rate of endemism close to 64% for fishes and 14,5% for crustaceans constitute an archipelago of greet patrimonial value. The Austral Archipelago also have an important rate of endemism (21% for fishes and 8,5% for crustaceans).

E. Vigneux *Sicyopterus pugnans* (forme bleue)

INDEX DES NOMS LATINS

A

Anguilla marmorata 13, 26, 27, 28, 76, **84**, 85, 86, 169
Anguilla megastoma 13, 26, 27, 29, 76, **86**, 87, 169
Anguilla obscura 13, 26, 27, 29, 76, **88**, 89, 157, 169
Atyoida pilipes 26, 27, 28, 32, **38**, 39
Awaous guamensis 122
Awaous ocellaris 13, 26, 29, 82, **122**, 123, 156, 169

C

Caranx melampygus 24
Caranx papuensis 24
Caranx sexfasciatus 24
Caridina rapaensis 26, 28, 34, 36, **40**, 41, 169
Caridina serratirostris 26, 28, 32, **42**, 43
Caridina weberi 26, 27, 28, 34, **44**, 45
Chanos chanos 18
Chelon melinopterus 106
Crenimugil crenilabis 26, 28, 78, **104**, 105
Cyprinus carpio 14

E

Eleotris 22
Eleotris fusca 13, 26, 27, 28, 80, 82, **120**, 121, 169

G

Gambusia affinis 14, 15, 96
Geosesarma angustifrons 26, 29, 32, **64**, 65

I

Ictalurus sp 14

K

Kuhlia 114
Kuhlia marginata 12, 26, 29, 78, **114**, 115
Kuhlia mugil 26, 28, 78, **116**, 117

L

Labuanium trapezoideum 26, 29, 32, **66**, 67
Lamnostoma orientalis 26, 28, 76, **90**, 91
Lamnostoma polyophthalma 27, 28, 76, **92**, 93
Lates calcarifer 18
Lentipes 13
Lentipes concolor 124
Lentipes rubrofasciatus 7, 27, 28, 82, **124**, 125
Liza alata 27, 28, 78, **106**, 107
Liza vaigiensis 26, 80, **108**, 109
Lutjanus fulvus 24

M

Macrobrachium 52, 84
Macrobrachium aemulum 26, 27, 28, 34, **50**, 51
Macrobrachium australe 26, 27, 28, 34, **52**, 53
Macrobrachium feunteuni 27, 28, 36, **62**, 63
Macrobrachium grandimanus 26, 28, 34, **54**, 55
Macrobrachium lar 13, 26, 27, 28, 34, **56**, 57
Macrobrachium latimanus 13, 26, 27, 28, 34, **58**, 59
Macrobrachium lepidactyloides 26, 29, 36, **60**, 61
Macrobrachium rosenbergii 19
Metopograpsus thukuhar 26, 27, 29, 32, **68**, 69

Les chiffres en gras correspondent à la page de la fiche descriptive de l'espèce.

Microphis argulus 27, 28, 76, **98**, 99
Microphis brachyurus 28
Microphis brachyurus brachyurus 26, 76, **100**, 101
Microphis brachyurus millepunctatus 100
Micropterus salmoides 15
Moringua sp 24
Mugil cephalus 26, 27, 29, 78, **110**, 111

N

Neomyxus leuciscus 26, 29, 78, **102**, 103

O

Oncorhynchus mykiss 14, 16
Oreochromis mossambicus 12, 18, 26, 27, 29, 78, **118**, 119

P

Palaemon concinnus 26, 28, 34, **46**, 47, 48
Palaemon debilis 26, 27, 28, 34, **48**, 49
Poecilia reticulata 12, 15, 26, 29, 78, **96**, 97
Poecilia sphenops 12, 16, 26, 29, 78, **94**, 95
Ptychognathus easteranus 26, 27, 29, 32, **70**, 71

S

Salvelinus sp 14
Sicyopterus 11, 22
Sicyopterus lagocephalus 13, 26, 27, 28, 80, **126**, 127, 130, 154, 169
Sicyopterus marquesensis 13, 27, 28, 80, **128**, 129, 169
Sicyopterus pugnans 13, 26, 28, 80, **130**, 131, 169, 170
Sicyopterus rapa 13, 26, 28, 74, 80, **132**, 133
Sicyopus 13
Sicyopus bitaeniatus 27, 28, 82, **144**, 145
Sicyopus jonklaasi 144
Siganus spinus 24
Stenogobius 13
Stenogobius caudimaculosus 27, 28, 82, **134**, 135
Stenogobius cf caudimaculosus 27, 28, 82, **134**
Stenogobius genivittatus 26, 28, 82, **136**, 137
Stenogobius hawaiiensis 134, 136, 138, 140, 142
Stenogobius marqueti 27, 28, 82, **138**, 139
Stenogobius randalli 26, 28, 82, **140**, 141
Stenogobius squamosus 27, 28, 82,**142**, 143
Stiphodon 13, 150
Stiphodon discotorquatus 26, 28, 80, **148**, 149
Stiphodon elegans 26, 29, 74, **146**, 147
Stiphodon julieni 26, 28, 82, **150**, 151
Stiphodon sp 27, 28
Stiphodon tuivi 21, 27, 28, 80, **152**, 153

T

Tinca tinca 14

V

Valamugil engeli 26, 27, 28, 78, **112**, 113
Varuna litterata 26, 28, 32, **72**, 73

INDEX DES NOMS COMMUNS

DANS L'ARCHIPEL DES AUSTRALES

A
'anae **102**

K
kapae **110**
kokopu **120**, **132**, **140**, **148**, **150**
koura mamoe **58**

N
nape **108**

P
puhi maua **86**
puhi pa'a **84**
puhi poa **84**
puhi vari **88**

R
rere 'ie'ie **86**

T
ta'a repo **88**
tuna **84**

U
ura vai **56**, **58**
ututu **104**

DANS L'ARCHIPEL DES MARQUISES

A
aipimata **58**
akae **56**

H
hahutu **120**
hakaè **56**
hetou **56**
hinako **38**, **44**

I
inaka **152**
inana **128**

K
kaee hinu **84**
kikitu kuà **124**
kikopu **134**, **138**, **142**
kokopu **146**
kōuà **52**, **56**, **62**
kuee **84**

M
mai **128**

N
nipuu **38**, **44**

P
paeho **56**
pimata **58**
potu hoone **98**

T
tāvaù **106**
tipu **56**
topu **120**
tuivi 21, 27, 28, 80, **128**, **152**
tupa **70**

V
vaeaèi **58**

DANS L'ARCHIPEL DE LA SOCIÉTÉ

A
apiri 21, 22, **126**, **130**
atii **90**
aua **104**, **112**
'ava féefée **58**

I
ina'a 11, **126**, **130**

M
moomoo **122**

N
nape **108**
nato 21, 22, **114**

O
o'opu **120**, **136**
orie **104**, **112**
'oura 'itara **52**
'oura 'oiha'a **56**
'oura 'onana **58**
'oura 'pape **56**

P
pati'a **114**
pati'a nana'o **116**
petehutehu **104**, **112**
puhi houone **90**
puhi maua **86**
puhi pa'a **84**
puhi poa **84**
puhi vari **88**

R
rere 'ie'ie **86**

T
ta'a repo **88**
tehu **104**
tia'i pape **100**
tuivi 21, 27, **146**
tuna **84**

EN FRANÇAIS

A
anguille de montagne **86**
anguille de vase **88**
anguille marbrée **84**
anguille serpent **90**, **92**
anguille sombre **88**

B
bouquet **58**
bouquet hawaïen **54**
bouquet malais **60**
bouquet singe **56**

C
caridine de Rapa **40**
caridine serratulée **42**
chevrette 3, 15, 17, 19, 22, 28, **56**, 84, 86
chevrette à larges pinces **58**
chevrette australe **52**
chevrette de Feunteun **62**
chevrette divine **56**
chevrette imitatrice **50**
chevrette montagne **58**
crabe à front étroit **64**
crabe lisible **72**
crabe trapèze **66**
crevette **38**, 90, 92, 120

crevette charmante **46**
crevette faible **48**

E
eleotris brun **120**

G
gobie à queue tacheté **134**
gobie de Marquet **138**
gobie de Randall **140**
gobie écailleux **142**
gobie ocellé **122**
gobie rayé **136**
guppy 12, 15, **96**

K
kuhlie marginée **114**
kuhlie mulet **116**

L
lamnostome ocellé **92**
lamnostome oriental **90**

M
muge **110**
mulet ailé **106**
mulet cabot **110**

N
nez rouge **124**

P
poisson million **96**

S
saltarelle koros **38**
saltarelle nez-camus **44**
sicyoptère à bec de lièvre **126**
sicyoptère combattant **130**
sicyoptère de Rapa **132**
sicyoptère des Marquises **128**
sicyopus à deux bandes **144**
stiphodon à collier **148**
stiphodon de Julien **150**
stiphodon des Marquises **152**
stiphodon élégant **146**
syngnathe à queue courte **100**
syngnathe des Marquises **98**

T
tilapia 3, 12, 18, **118**

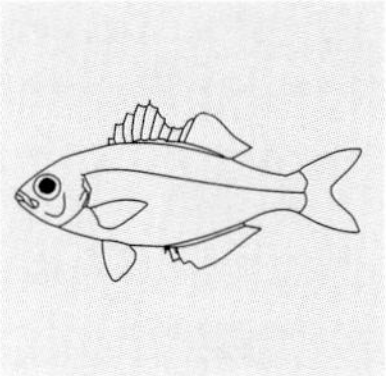

E. Vigneux

Lentipes rubrofasciatus (femelle)

E. Vigneux

Lentipes rubrofasciatus (juvénile, futur mâle)

200 ans de publications scientifiques au Muséum national d'Histoire naturelle

200 years of scientific publications at the Muséum national d'Histoire naturelle

Vendémiaire an XI (septembre-octobre 1802 dans le calendrier révolutionnaire) : le Muséum lance les Annales du Muséum national d'Histoire naturelle, un journal scientifique mensuel.

2002 : le Muséum national d'Histoire naturelle a une activité moderne et dynamique de publication scientifique.

Pendant deux siècles, sans discontinuer, le Muséum a publié des journaux et des monographies de botanique, de zoologie, de paléontologie, de minéralogie, ainsi que d'anthropologie et de préhistoire. Une collection complète de ces publications compterait plus d'un million de pages imprimées (voir www.mnhn.fr/publication).

Depuis 200 ans, les auteurs des publications du Muséum ont fait preuve de la même exceptionnelle ténacité et de la même profonde motivation à déchiffrer, décrire et comprendre le monde naturel. Nos journaux et nos monographies ont été, sont, et continueront à représenter une source primordiale d'information scientifique sur les animaux – des araignées aux dinosaures –, sur les plantes – des orchidées aux grands arbres des forêts tropicales –, et sur les champignons.

D'autres aspects des publications du Muséum ont changé comme il en a été du monde scientifique autour de nous. Les auteurs des Annales de 1802 étaient les Professeurs du Muséum. Les auteurs de nos publications en 2002 sont des scientifiques de la communauté internationale appartenant à un large éventail d'institutions et de pays.

La diffusion des publications du Muséum a aussi changé. Les Annales de 1802 étaient vendues par un libraire avec deux magasins, l'un à Paris et l'autre à Strasbourg. Nos publications de 2002 sont maintenant globalement distribuées : elles sont non seulement disponibles dans plusieurs centaines de bibliothèques d'institutions à travers le monde mais en plus nos journaux voient leur lectorat s'accroître considérablement à travers Internet.

Enfin, le monde de 1802 et de la période coloniale qui suivit tirait parti scientifique de l'exploitation sans limite des ressources naturelles. Dans le contexte actuel de crise et de perte de la Biodiversité, la fonction sociale des naturalistes du XXIe siècle s'étend maintenant bien au delà des frontières classiques de la zoologie et de la botanique.

Le Muséum est un grand établissement public français dédié à la recherche, l'enseignement et la conservation des collections à un niveau international. Ses publications sont à la croisée de ces différentes missions de service public. Je souhaite aux publications du Muséum de continuer de s'illustrer dans le monde scientifique par leur qualité et leur utilité pendant une troisième centaine d'années.

Vendémiaire an XI (September-October 1802 in the French revolutionary calendar): the Muséum launched the Annales du Muséum national d'Histoire naturelle, to be issued on a monthly basis.

In 2002 the Muséum national d'Histoire naturelle is alive and well as a natural history publisher.

Throughout these two hundred years, it has published journals and monographs in botany, zoology, paleontology, mineralogy, as well as anthropology and prehistory. A complete library of these publications extends over a mighty one million pages (see www.mnhn.fr/publication).

For the last 200 years, the authors in the Muséum's publications have remained motivated by their curiosity to decipher, describe and understand the natural world around them. Our journals and monographs were, are and will continue to be a primary source of scientific information on animals – from spiders to dinosaurs –, plants – from orchids to towering rain forest trees –, and fungi.

Other aspects of the Muséum's publications have changed as the world has changed around us. The authors of its Annales for 1802 were the professors of the Muséum. The authors of our 2002 publications come from a wide range of institutions and countries.

The circulation of the Muséum's publications has also changed. The Annales of 1802 were sold by one book dealer with branches in Paris and Strasbourg. Our publications of 2002 have become globally distributed: in addition to several hundred academic libraries worldwide, our journals reach a still wider readership through the Internet.

Lastly, the world of 1802, and of the colonial period that followed, was perceived as an unlimited source of bounties to be harvested restlessly. With the current erosion of species and crisis in biodiversity, the social function of 21st century naturalists now extends far beyond the classical boundaries of zoology and botany.

The Muséum is a French public service institution dedicated to research, education and management of collections of international significance. Its publications stand at the crossroads of these commitments. I hope that in their third century the Muséum's publications will continue to stand out for their quality and usefulness to the scientific community.

Philippe BOUCHET
Professeur / Professor,
Chef du Service des publications scientifiques /
Head, Division of Scientific Publications

Muséum National d'Histoire Naturelle
Service des Publications Scientifiques

57, rue Cuvier - F 75005 Paris
Tel. : [33] 01 40 79 48 05
Fax : [33] 01 40 79 38 40
e-mail : diff.pub@mnhn.fr
http://www.mnhn.fr/publication

Crédits photos

E. Vigneux, sauf p.149 P. Keith.

Illustrations

D. Mertens, P. Keith.
N. leuciscus et *V. engeli* d'après Senou (1988) *in* FAO species identification guide for fishery purposes, Western Central Pacific (1999), vol.4.

Date de distribution : 25 Octobre 2002
Achevé d'imprimer en Octobre 2002
par TRAME 133 à Paris
Dépôt légal : Octobre 2002